朝倉物理学選書
6

鈴木増雄・荒船次郎・和達三樹 編集

相対性理論

小玉英雄 著

朝倉書店

編　者

鈴木増雄　東京大学名誉教授・東京理科大学教授
荒船次郎　大学評価・学位授与機構特任教授・東京大学名誉教授
和達三樹　東京理科大学教授・東京大学名誉教授

「朝倉物理学選書」刊行にあたって

　2005年は，アインシュタインが光量子仮説に基づく光電効果の説明，ブラウン運動の理論および相対性理論を提唱した年から100年後にあたり，全世界で「世界物理年」と称しさまざまな活動・催し物が行われた．朝倉書店から『物理学大事典』が刊行されたのもこの年である．

　『物理学大事典』（以降，大事典とする）は，物理学の各分野を大項目形式で，できるだけ少人数の執筆者により体系的にまとめられ，かつできるだけ個人的な知識に偏らず，バランスの取れた判りやすい記述にするよう留意し編纂された．

　とくに基礎編には物理学の柱である，力学，電磁気学，量子力学，熱・統計力学，連続体力学，相対性理論がそれぞれ一人の執筆者により簡潔かつ丁寧に解説されており，編者と朝倉書店には編集段階から，いずれはこれを分けて単行本にしては，という思いがあった．刊行後も読者や執筆者からの要望もあり，まずはこの基礎編を，大事典からの分冊として「朝倉物理学選書」と銘打ち6冊の単行本とすることとした．単行本化にあたっては，演習問題を新たにつけ加えたり，その後の発展や図を加えたりするなどして，教科書・自習書としても活用できるようさらに充実をはかった．

　分冊化によって，持ち歩きにも便利となり若い学生にも求め易く手頃なこのシリーズは，大学で上記教科を受け持つ先生方にもテキストとしてお薦めしたい．また逆に，この「朝倉物理学選書」が，物理学全分野を網羅した「大事典」を知るきっかけになれば幸いである．この6冊が好評を得て，大事典からさらなる単行本が生み出されることを期待したい．

編者　鈴木増雄・荒船次郎・和達三樹

はじめに

　特殊相対性理論は，その概念的な革新性にもかかわらず，電磁気学と整合的な力学の枠組として早くから受け入れられ，現代物理学の基礎理論として広く用いられるようになった．アインシュタインは，しかし，この理論が重力を記述できないことを重要視し，10年の歳月をかけ，重力を含むすべての相互作用を記述する古典的な枠組として一般相対性理論を完成させた．

　この一般相対性理論は水星の近日点移動，太陽による光の屈曲など実験的な検証をパスし，早くから注目を浴びた．また，膨張宇宙解や球対称ブラックホール解もかなり初期に発見されていた．これらの発見は一部の研究者の努力により，現代の宇宙モデルやブラックホールの理論へと発展したが，その成果は長い間，物理学の多くの分野で重要視されることはなかった．その理由は，一般相対性理論が「なくてもやっていける難解な」理論と見なされていたためである．実際，ブラックホールが天文学者に受け入れられたのはようやく1970年代後半になってからであり，相対論的な宇宙モデルが広く注目されるようになったのは，インフレーションモデルの登場した1980年代以降であろう．

　しかし，今や状況は大きく変わりつつある．ブラックホールはさまざまな活動的天体現象の主役として宇宙物理学の中心的な研究対象となり，一般相対性理論の予言する重力波を検出すための大型レーザー干渉系が世界各地で稼働ないし建設されつつある．またCOBE, WMAP, SDSSなど，地上の望遠鏡や人工衛星を用いた宇宙観測により相対論的進化宇宙モデルの検証が行われている．さらに，一般相対性理論はGPSを用いたカーナビの

設計でも不可欠なものとなり，日常生活にもその成果は浸透しつつある．

相対性理論は，このように重要性が広く認知され，同時により高い精度での検証が進む一方で，基礎理論としては新たな転機を迎えつつある．その要因の一つは，一般相対性理論と量子論を融合する試みである超弦理論の登場である．この理論は，重力を含むすべての相互作用の統一を実現するなどさまざまな魅力的な特徴をもつと共に，時空次元の一般化，高階微分を含む基礎方程式の補正など，古典論の枠内でも一般相対性理論を大きく修正するものとなっている．もう一つの要因は，ダークエネルギー問題，すなわち現在の宇宙の加速膨張を示唆する観測事実の発見である．この観測事実は，宇宙項が正の小さな値をもっているとすると説明できるが，特殊相対性原理や重力理論を宇宙スケールで修正することにより説明しようとする試みもいくつか提案されている．

本書は，特殊および一般相対性理論の基礎事項を組織的に解説した『物理学大事典』の一章を単行本化したもので，その特徴である概観的色彩を残すため，個々の事項の具体的な応用や式の詳しい導出は省いた．その代わり，スピノール，ボルツマン方程式，定常ブラックホールに対するエルンスト形式，ブラックホール熱力学，宇宙検閲仮説など，通常，大学学部レベルの教科書では触れられていない事項も含め，相対性理論の主要成果に広く言及した．また，定式化において必要とされる範囲で，テンソル代数や微分幾何学についても現代的な形での組織的な記述を与えた．上で述べたように，転機を迎えるこの時期に，相対性理論の全体像を的確に把握することは大切である．本書がその一助になれば幸いである．

最後に，単行本化に際して，誤植・間違いを丁寧に探し，また改善すべき点について有益な助言を頂いた石橋明浩氏（KEK 博士研究員）に深く感謝する．

2007 年 4 月

小 玉 英 雄

目 次

0 章　歴史と意義	1
1 章　特殊相対性理論における時空概念	5
1.1　光速不変性	5
1.2　ローレンツ変換	7
1.3　速度の変換則	9
1.4　ローレンツ収縮	10
1.5　同時性の相対化	11
1.6　運動する時計の遅れ	13
1.7　ミンコフスキー時空	15
2 章　ミンコフスキー時空のテンソル	17
2.1　テンソルとテンソル場	18
2.2　テンソル代数	20
2.3　計量テンソルによる添え字の上げ下げ	22
2.4　レヴィ–チヴィタ擬テンソル	22
3 章　特殊相対性理論における物理法則	25
3.1　粒子の運動方程式	25
3.2　ボルツマン方程式	28
3.3　流体の方程式	30
3.4　電気力学	32
3.5　一様静電磁場中の荷電粒子の運動	34
3.6　スピンの運動	35

3.7	電磁波	38
3.8	スカラー場	40

4章　ローレンツ群とスピノール　41
4.1	ローレンツ群の有限次元線形表現	41
4.2	スピノール	43
4.3	ディラックスピノール	45
4.4	ディラック方程式	48

5章　曲がった時空の幾何学　51
5.1	多様体	51
5.2	ベクトルと1形式	52
5.3	テンソル	55
5.4	写像と変換	57
5.5	リー微分	58
5.6	微分形式	60
5.7	共変微分	63
5.8	リーマン多様体	67
5.9	定曲率空間	70
5.10	等長変換とキリングベクトル	72
5.11	向き付け可能性	73
5.12	ストークスの定理	74

6章　一般相対性理論　77
6.1	基本仮定	77
6.2	特殊相対性理論との対応規則	79

7章　曲がった時空における物理法則　81
7.1	運動方程式	81

- 7.2 ボルツマン方程式 ... 82
- 7.3 流体の方程式 ... 83
- 7.4 エネルギー運動量の局所保存則 ... 84
- 7.5 電気力学 ... 85
- 7.6 スカラー場とスピノール場 ... 86

8章 重力場の方程式　89
- 8.1 アインシュタイン方程式 ... 89
- 8.2 ニュートン極限 ... 90
- 8.3 変分原理による定式化 ... 91
- 8.4 初期値問題 ... 92

9章 重力波　95
- 9.1 摂動方程式 ... 95
- 9.2 重力場のエネルギー ... 96

10章 ブラックホール　101
- 10.1 定常時空 ... 101
- 10.2 球対称時空 ... 102
- 10.3 球対称ブラックホール ... 104
- 10.4 エルンスト形式 ... 106
- 10.5 ワイルクラス ... 107
- 10.6 定常軸対称ブラックホール ... 107
- 10.7 剛性定理と一意性定理 ... 109
- 10.8 ブラックホール熱力学 ... 110
- 10.9 宇宙検閲仮説 ... 112

11章 相対論的宇宙モデル　115
- 11.1 ロバートソン–ウォーカー宇宙 ... 115

- 11.2 宇宙赤方偏移 116
- 11.3 宇宙膨張の方程式 117
- 11.4 初期特異点と宇宙の地平線 117
- 11.5 フリードマンモデル 119
- 11.6 インフレーション宇宙モデル 120
- 11.7 ドジッター宇宙と反ドジッター宇宙 121

12章　一般相対性理論の実験的検証　123
- 12.1 基本仮定の検証 123
- 12.2 水星の近日点移動 124
- 12.3 重力による光の屈曲 126
- 12.4 レーダーエコーの遅れ 127
- 12.5 連星系からの重力波 127

参考文献　129

索引　133

0章
歴 史 と 意 義

　ファラデー (M. Faraday)，マクスウェル (J.C. Maxwell)，ヘルツ (H.R. Hertz) らの努力により電磁気学の基礎理論が完成された19世紀後半，それを力学的自然観に適合させる努力が精力的に行われた．すなわち，音波とのアナロジーで電磁波をエーテルとよばれた仮想的な媒質の波動と考え，当時としてはもっとも基礎的な法則であったニュートン力学に基づいてその力学的モデルをつくることにより，エーテル波動を記述する現象論的方程式としてマクスウェル方程式を導こうとしたのである．エーテル理論としては，さまざまなモデルが提案されたが，それらはすべて物理法則のガリレイ不変性を基礎としてつくられたもので，結果として光の速度がエーテルに対する基準系の速度に依存することを予言していた．しかし，この予言はマイケルソン–モーリー (Michellson–Morley) の実験を代表とする19世紀後半に行われた多くの実験により否定されてしまった．これらの実験はすべて，光の速度が基準系に依存しないという結果を与えたのである．

　このような背景のもとで，1905年にアインシュタイン (A. Einstein) は，ニュートン理論やその基礎にあるガリレイ不変性を放棄し，光速の不変性および物理法則がすべての慣性系で同じ形をとるという特殊相対性原理のみを出発点として物理法則の体系を再構築することを提案した．この提案に基づいてつくられた理論が特殊相対性理論である．特殊相対性理論は，運動する物体のローレンツ収縮や運動する時計の遅れなど，ローレンツ (H.A. Lorentz) がエーテル理論を救済するために導入した作業仮説を自然な帰結

として与えるとともに，質量とエネルギーの等価性などの新たな予言を含んでいた．広く知られているように，この予言は，核反応の研究により検証された．また，1920年代には原子エネルギー準位の微細構造を電子スピンにより定量的に説明するうえで，特殊相対性理論的補正が重要となることが明らかとなり，その重要な検証となった．さらに，特殊相対性理論の要請を満たす量子論の枠組みである場の理論が素粒子物理学のさまざまな実験で高い精度で検証されたことは，高エネルギー領域における特殊相対性理論の正当性を支持するものとなっている．

ただし，特殊相対性理論は，重力を含む系を記述できないために，物理法則の完全な枠組みとはなっていない．アインシュタインはこの点に早くから気づき，1911年から5年の歳月をかけて重力を含むすべての系を記述する新たな枠組みを構築する努力を続け，グロスマン (M. Grossman) らの協力を得て最終的に1915年に一般相対性理論を完成させた．この理論は，重力場が弱い極限では特殊相対性理論に，また非相対論的極限ではニュートンの重力理論に一致し，両理論の自然な融合を実現していた．また，19世紀後半に明らかとなった水星の近日点移動に対するニュートン重力理論の予言と観測値のずれを定量的に説明し，さらに1919年の日食を利用した観測では，太陽の重力による星からの光の曲がりという一般相対性理論の予言が見事に検証された．このように，一般相対性理論は，重力を時空の構造として記述するまったく新しい形態の理論体系でありながら，早くから多くの実験により検証され，その後のさまざまな精密実験でも，少なくとも重力場が弱い場合の現象については，理論の予言と矛盾する結果は得られていない．とくに，ハルス (R.A. Hulse) とテイラー (J.H. Taylor) により行われたパルサー連星の観測と理論の比較は，一般相対性理論の基本的な予言である重力波の存在を間接的に検証するとともに，それまでに提案されたさまざまな重力理論のなかで，実質的にアインシュタインの理論のみが観測を定量的に説明するという結果を与えている (1979年)．

これらの実験的検証の多くは弱い重力場に関するものであるが，一般相対

性理論がその本領を発揮するのは，強い重力場を伴う現象である．とくに，ハッブル (E. Hubble) による宇宙膨張の発見とフリードマン (A. Friedmann) によるその一般相対論的モデルの研究に端を発する相対論的宇宙モデルは，現在の標準宇宙モデルとなっており，宇宙背景放射の発見，インフレーションモデルの登場を背景として，新たな一般相対性理論の検証の場を与えている．また，1916 年にシュヴァルツシルト (K. Schwarzschild) により発見されたアインシュタイン方程式の真空解は，物理学にブラックホールという新たな概念を導入した．ブラックホールは，その特異性のゆえに長いあいだ天文学では無視されてきたが，現在ではその存在は確実視されており，X 線天体などの高エネルギー現象や QSO などの活動的銀河中心核現象において中心的役割を果たしていると考えられている．また，ブラックホールは，ブラックホール熱力学やブラックホールの量子論的蒸発などの発見を背景として，一般相対性理論と量子論を融合した量子重力理論やすべての相互作用の統一理論を構築する際の手がかりとして，素粒子論でも重要な研究対象となっている．

1章
特殊相対性理論における時空概念

1.1 光速不変性

　ニュートン力学はガリレイの相対性原理を満たす．すなわち，その基礎方程式はすべての慣性系で同じ形をとり，異なる慣性系のあいだの変換はガリレイ変換で与えられる．このガリレイ変換の基礎となっているのは，速度の単純加法則，すなわち，物体Aを基準として計った物体Bの速度がV_1，物体Bを基準として計った物体Cの速度がV_2のとき，物体Aを基準として計った物体Cの速度が$V_1 + V_2$となるという仮定である．したがって，ニュートン理論を基礎とするエーテル理論では，エーテルに対して光が速度cをもつとき，エーテルに対して速度Vで運動する基準系での光の速度は$c - V$となる．

　このことに着目して，光速の基準系への依存性を実験的に測定することにより，エーテル理論を検証しようというさまざまな試みがなされた．そのような実験のなかでもっとも決定的な結果を与えたのは，1880年代に行われたマイケルソンとモーリーによる実験である．彼らは，図1に示したような干渉計型装置を用いて，互いに直交する経路を往復する光の位相差が装置を90度回転することにより変化するかどうか調べた．上記の議論に基づくと，地球のエーテルに対する速度をV，光の角振動数をωとして，同じ光源Lから出た光が装置Tで干渉するときの位相差は，装置の回転により$\omega(l_1 + l_2)V^2/c^3$だけ変化することになる．しかし，彼らはまったく位

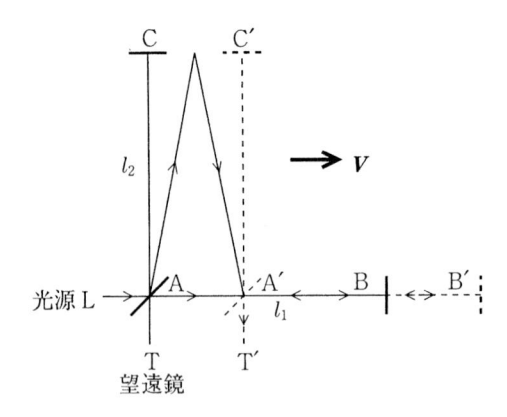

図 1 マイケルソン–モーリーの実験

相差の変化を検出できなかった．地球は太陽のまわりを円運動しているので，地球がエーテルに対して静止していることはあり得ない．したがって，彼らの実験結果は，少なくとも $(V/c)^2$ の精度で真空中の光速が基準系に依存しないことを示しており，ニュートン力学に基づくエーテル理論を完全に否定するものとなった．

この実験の後も，ニュートン理論にさまざまな付加的な修正を加えることにより，エーテル説を救済する試みがローレンツらにより続けられたが，それらの試みはニュートン理論の破綻をより鮮明にする結果となった[1]．このような状況のもとで，1905 年にアインシュタインは，電磁波に対する力学モデルをつくることを完全に放棄し，真空中の光速が基準系によらないことを第 1 原理として物理法則を再構築することを提案した．すなわち，ガリレイの相対性原理をつぎの形に変更することを提案した．

① ［光速不変性］ 真空中の光速はすべての慣性系で同じである．
② ［特殊相対性原理］ すべての物理法則は，任意の慣性系で同一の表現をもつ．

この提案に基づいてつくられた新しい法則体系が特殊相対性理論である．

1.2 ローレンツ変換

光速不変性は，速度の単純加法則と相入れないので，特殊相対性理論における慣性座標系のあいだの変換はガリレイ変換と異なるものになる．この新しい変換は，光速不変性の要請によりほぼ決まってしまう．

慣性座標系 S：$(t, \boldsymbol{r})$ において，時刻 $t = t_0$ に点 $\boldsymbol{r} = \boldsymbol{r}_0$ から出た光の波面は，$\Delta t = t - t_0$，$\Delta \boldsymbol{r} = \boldsymbol{r} - \boldsymbol{r}_0$ とおくと，

$$-(c\Delta t)^2 + (\Delta \boldsymbol{r})^2 = 0 \tag{1}$$

と表される．光速不変性が成り立つと，この方程式は任意の慣性座標系 S′：$(t', \boldsymbol{r}')$ で同じ形をとらなければならない．一般に，この要請を満たす正則な座標の変換は 1 次変換となることが示される．そこで，x を $(x^0, x^1, x^2, x^3) = (ct, \boldsymbol{r})$ を成分とする列ベクトルとして，座標変換を 4 次の正方行列 Λ と 4 成分の定数ベクトル a を用いて

$$x' = \Lambda x + a \tag{2}$$

と表すと，式 (1) がこの変換で不変である条件は，

$${}^t\Lambda \eta \Lambda = \lambda^2 \eta \tag{3}$$

と表される．ここで，λ は実数，η は 4 次の正方行列

$$\eta = \begin{pmatrix} -1 & 0 & 0 & 0 \\ 0 & 1 & 0 & 0 \\ 0 & 0 & 1 & 0 \\ 0 & 0 & 0 & 1 \end{pmatrix} \tag{4}$$

${}^t\Lambda$ は Λ の転置行列である．もし，理論が $\lambda \neq \pm 1$ となる変換 Λ で不変なら，$x' = \lambda x$ でも不変となる．しかし，質量がゼロでない粒子を含む理論は，このスケール変換で不変でないことが知られているので，以下 $\lambda^2 = 1$ とする．このとき，条件 (3) を満たす座標変換 (2) は，(一般) 非同次ローレ

ンツ変換または（一般）ポアンカレ変換，とくに時間空間座標の並進 $a=0$ となる変換は (一般) 同次ローレンツ変換とよばれる．ポアンカレ変換は，時空の 2 点の座標差の 2 次式

$$\Delta s^2 = -(c\Delta t)^2 + (\Delta \boldsymbol{r})^2 \tag{5}$$

を不変にする変換，そして同次ローレンツ変換は時空座標の原点を原点に写すポアンカレ変換として特徴づけられる．

　ローレンツ変換のうち，時間および空間の向きを保つ変換，すなわち $\Lambda^0{}_0 > 0$ かつ $\det\Lambda > 0$ となる変換は固有ローレンツ変換とよばれる．慣性系 S$'$ の原点 $\boldsymbol{r}' = 0$ が慣性系 S に対して速度 $\boldsymbol{V} = (V^1, V^2, V^3)$ をもつとすると，

$$c\Lambda^i{}_0 + \sum_{j=1}^{3} \Lambda^i{}_j V^j = 0 \quad (i=1,2,3) \tag{6}$$

が成り立つ．この条件と (3) を用いると，固有ローレンツ変換は空間回転の自由度を除いて $\boldsymbol{\beta} = \boldsymbol{V}/c$ により一意的に決定されることが示される．具体的には，$\Lambda(\boldsymbol{\beta})$ を固有ローレンツ変換

$$ct' = \gamma(ct - \boldsymbol{\beta}\cdot\boldsymbol{r}) \tag{7a}$$

$$\boldsymbol{r}' = -\gamma\boldsymbol{\beta}ct + \boldsymbol{r} + \frac{\gamma^2}{1+\gamma}(\boldsymbol{\beta}\cdot\boldsymbol{r})\boldsymbol{\beta} \tag{7b}$$

に対応する行列とすると，一般の固有ローレンツ変換に対する変換行列は R を空間回転として $\Lambda = R\Lambda(\boldsymbol{\beta})$ と表される．ここで，γ は

$$\gamma = 1/\sqrt{1-\boldsymbol{\beta}^2} \tag{8}$$

で定義される $\boldsymbol{V}$ から決まる量で，速度 $\boldsymbol{V}$ に対するローレンツ因子ないし γ 因子とよばれる．

1.3 速度の変換則

特殊相対性理論における速度の変換則は，式 (7) より導かれる．たとえば，$\boldsymbol{V}$ が x 軸成分 V のみをもつとき，固有ローレンツ変換は S′ 系に適当な空間回転と並進変換を施すと

$$ct' = \gamma(ct - \beta x) \tag{9a}$$

$$x' = \gamma(x - Vt) \tag{9b}$$

$$y' = y, \ z' = z \tag{9c}$$

と表される．ここで，$\beta = V/c, \gamma = 1/\sqrt{1-\beta^2}$ である．この変換は，特殊ローレンツ変換とよばれる．この変換に対して，$v = \mathrm{d}x/\mathrm{d}t$ と $v' = \mathrm{d}x'/\mathrm{d}t'$ の関係は

$$v' = \frac{v - V}{1 - vV/c^2} \tag{10}$$

となる．vV/c^2 が小さいときこの変換がガリレイ変換と一致すること，および $v = \pm c$ のとき $v' = \pm c$ となることは容易に確かめられる．

一般的な変換 (7) に対して，速度の変換則は

$$\boldsymbol{v}' = \frac{\dfrac{1}{\gamma}\boldsymbol{v} + \dfrac{\gamma}{1+\gamma}(\boldsymbol{\beta}\cdot\boldsymbol{v})\boldsymbol{\beta} - c\boldsymbol{\beta}}{1 - \boldsymbol{\beta}\cdot\boldsymbol{v}/c} \tag{11}$$

となる．この変換は光速を不変にするが，光の伝播方向を変化させる．S 系および S′ 系において光の進行方向と $\boldsymbol{V}$ のなす角度をそれぞれ θ, θ' とすると，それらの関係は

$$\cos\theta' = \frac{\cos\theta - \beta}{1 - \beta\cos\theta} \tag{12}$$

で与えられる．地球公転軌道に対応する視差の効果を取り除いても，星の見かけの方向が 1 年周期で変化する光行差とよばれる現象は，この変換則により説明される[2)．光行差は，ニュートン理論に基づく光の波動説では説明不可能な現象である．

1.4 ローレンツ収縮

ニュートン理論では空間はユークリッド的であり，慣性座標系のあいだのガリレイ変換はこのユークリッド距離を保つ．このため，2点間の空間的距離や物体の長さは座標系に依存しない．これに対して，特殊相対性理論では，各慣性座標系に付随する空間はやはりユークリッド的であるが，このユークリッド的距離は一般にローレンツ変換により変化する．

まず，簡単な場合として，慣性座標系 S において x 軸に平行な細長い棒が x 軸方向に一定速度 V で運動する場合を考える．棒に対して静止した慣性座標系 S′ では，空間座標を適当にとれば棒は x' 軸上に静止しており，慣性座標系 S と S′ の関係は特殊ローレンツ変換 (9) で与えられる．慣性座標系 S′ での棒の長さ l_0 の自然な定義は，棒の端点の x 座標の差 $|\Delta x'|$ である．一方，S では棒は運動しているので，その長さの定義は一意的でない．1つの自然な定義は，同時刻における棒の端点の座標差 $l = |\Delta x|$ である．この定義では，$\Delta t = 0$ と式 (9b) より，$|\Delta x'| = \gamma |\Delta x|$ を得る．したがって，棒の長さは $1/\gamma$ 倍に縮むことになる．

$$l = l_0/\gamma \tag{13}$$

この現象はローレンツ収縮とよばれる．実際に計測するという視点からみると，S に対して静止した観測者が棒の2つの端点までの距離を三角測量し，その差を長さとするのも自然である．すなわち，棒の両端の x 座標がそれぞれ x_1, x_2 のときに出た光が同時に観測者に達するとき，$|x_2 - x_1|$ を長さと定義するのである．これは，運動している棒が静止した観測者にどのようにみえるかを表す量となる．この定義では，たとえば，観測者が x 軸上にいるとすると，

$$l' = \frac{l}{1+\beta} = \frac{l_0}{\gamma(1+\beta)} \tag{14}$$

となる．ただし，棒が観測者から遠ざかる方向に運動しているとき $\beta = |V|/c > 0$，観測者に向かって運動しているとき $\beta = -|V|/c$ である．この場合，観測者に向かって運動する棒は伸びてみえることになる．

以上の議論を棒の向きが運動方向と平行でない場合に拡張することは容易である．たとえば，式 (9) より慣性系の相対速度に垂直な方向の座標は変化しないので，慣性座標系 S において棒の両端の位置を同時に観測すると，その座標差は運動方向にのみローレンツ収縮を受ける．したがって，慣性座標系 S および S′ において，棒の方向と相対速度ベクトルのなす角をそれぞれ θ, θ_0 と置くと，

$$\tan\theta = \gamma\tan\theta_0 \tag{15}$$

が成り立つ．すなわち，S での棒の方向は S′ での方向と比べて相対速度に垂直な方向に近づくことになる．

1.5 同時性の相対化

ガリレイ変換と異なり，ローレンツ変換では時間座標の変換式に空間座標が現れる．このため，空間的に離れた 2 つの事象の時間的順序は，一般に基準系に依存する．たとえば，変換 (7) に対して，慣性座標系 S での 2 つの事象の時間差を Δt，空間座標の差を $\Delta \boldsymbol{r}$ とするとき，それに対して速度 $\boldsymbol{V} = c\boldsymbol{\beta}$ で運動する別の慣性座標系 S′ での 2 事象の時間差は

$$c\Delta t' = \gamma(c\Delta t - \boldsymbol{\beta}\cdot\Delta\boldsymbol{r}) \tag{16}$$

となる．したがって，$|\Delta\boldsymbol{r}| > c|\Delta t|$ となる場合には，$|\boldsymbol{\beta}|$ の値を十分 1 に近づけることにより $\Delta t'$ の符号を正にも負にもすることができる．とくに，同時性の概念は基準系に相対的なものとなる．

ただし，時間順序がまったく意味を失うわけではない．$|\Delta\boldsymbol{r}| \leq c|\Delta t|$ の場合には，Δt と $\Delta t'$ はつねに同じ符号をもつ．ローレンツ変換は，式 (5) で定義される 2 次式 Δs^2 を不変にするので，$|\Delta\boldsymbol{r}| \leq c|\Delta t|$ という条件は，

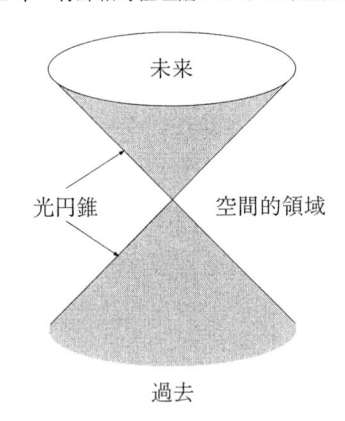

12 1章 特殊相対性理論における時空概念

図 2 光円錐

慣性座標系のとり方に依存しない条件となる．この条件を満たす2事象は，互いに因果的位置関係にあるという．同様に，$|\Delta r| > c|\Delta t|$ という条件も慣性座標系のとり方によらない条件で，空間的位置関係という．また，$|\Delta r| = c|\Delta t|$ という位置関係は光的，$|\Delta r| < c|\Delta t|$ という位置関係は時間的という．この言葉を用いると，因果的な位置関係にある事象に対しては，時間的順序，すなわち未来，過去という関係が慣性座標系のとり方によらない意味をもつ（ただし，互いに時間の向きを保つローレンツ変換で結ばれる慣性座標系にかぎる）．

これらの位置関係は，幾何学的にはつぎのように表される．まず，慣性座標系 S における点 $x_0 = (ct_0, \boldsymbol{r}_0)$ を頂点とする光円錐，すなわち x_0 を通過する光線の軌跡の集合は，式 (5) で定義される2次式 Δs^2 を用いて，$\Delta s^2 = 0$ と表される．この光円錐は，S に付随した4次元の時間空間 $\mathbb{R}^4$ を3つの連結領域，

$$I^+(x_0) = \{x \in \mathbb{R}^4 \mid \Delta s^2 < 0, \Delta t > 0\}$$
$$I^-(x_0) = \{x \in \mathbb{R}^4 \mid \Delta s^2 < 0, \Delta t < 0\}$$
$$S(x_0) = \{x \in \mathbb{R}^4 \mid \Delta s^2 > 0\}$$

に分ける．このとき，$I^+(x_0)$，$I^-(x_0)$ および $S(x_0)$ が，それぞれ x_0 の時間的未来，時間的過去，空間的な位置にある点の集合となる（図2参照）．

1.6　運動する時計の遅れ

前節でみたように，相対性理論では時間は基準系に相対的な概念であり，2つの事象の時間間隔も基準系により変化する．このことは，ニュートン理論ではみられないいくつかの特異な現象を引き起こす．

たとえば，慣性座標系Sにおいて一定速度 $\boldsymbol{V}$ で運動する時計の進みをSの時間と比較する問題を考える．時計に対して静止した慣性座標系をS$'$ とすると，時計の進み $\Delta\tau$ はS$'$ の時間 t' の進み $\Delta t'$ と一致する．正確には，両者が一致するような時計を正しい時計と定義し，標準時計とよぶ．一方，$\Delta t'$ とSでの時間間隔 Δt との関係は式 (16) で与えられる．いまの場合，$\Delta \boldsymbol{r}$ は時間 Δt での時計の位置変化 $\boldsymbol{V}\Delta t$ と一致する．これより，

$$\Delta t = \gamma \Delta \tau \tag{17}$$

を得る．この式は，慣性座標系Sの時間の進みと比べて，Sに対して運動する時計の進みが $1/\gamma$ 倍だけゆっくり進むようにみえることを示しており，運動する時計の遅れとよばれる．

この現象は，純粋に光速不変性のみから導かれる結果である．これをみるために，式 (5) で定義される Δs^2 を利用する．時計が静止している系S$'$ では，Δs^2 は時計の進み $\Delta\tau$ を用いて，

$$\Delta s^2 = -(c\Delta\tau)^2 \tag{18}$$

と表される．一方，慣性座標系Sでは Δs^2 は

$$\Delta s^2 = -(c\Delta t)^2(1-\boldsymbol{\beta}^2) = -\gamma^{-2}(c\Delta t)^2 \tag{19}$$

と表される．光速不変性より2事象に対する Δs^2 の値は慣性座標系のとり方によらないので，両者が等しいとすると式 (17) を得る．

この議論をみると，等速度運動する標準時計の進みは，実際に時計の時刻をみなくても，すべての慣性座標系で同じ値をとる Δs^2 により決定されることがわかる．そこで，この関係を一般化し，任意の運動をする物体に対して，慣性座標系におけるその軌道を C とするとき，

$$\tau = \int_C \mathrm{d}\tau; \quad c^2 \mathrm{d}\tau^2 = (c\mathrm{d}t)^2 - (\mathrm{d}\boldsymbol{r})^2 \tag{20}$$

により定義される量を，物体に固有の時間の進みという意味で固有時とよぶ．ただし，一般の加速運動に対してこの固有時が実際に物体に対して静止した時計で計った時間の経過と一致するかどうかは時計の構造によるが，古典的には両者が一致する理想的な時計を考えることは可能である．そこで，一般の運動に対しては，時間の進みが固有時と一致する理想的な時計を標準時計と定義する．

特殊相対性理論では，時間は基準系に相対的なものであり，大域的な時間座標が曖昧さなく定義されているのは慣性系に対してのみである．このことを忘れて時間の問題を議論すると，しばしば見かけのパラドックスを生み出す．たとえば，慣性座標系 S に対して最初静止していた双子の兄弟を考える．ある時刻に兄がロケットに乗って宇宙旅行に出かけ再び帰ってきたとする．簡単のために，ロケットは一定の速さ V で往復運動をしたとする．このとき，式 (17) を形式的に適用すると，兄は弟に対して一定の速さ V で運動するので兄の年齢は帰ってきたとき弟より若いはずである．一方，兄を基準にして考えると，弟はやはり一定の速さで運動しているので，今度は兄が帰ってきたとき弟が兄より若いということになる．この矛盾は，双子のパラドックスとよばれている．

このパラドックスの原因は，兄が行きと帰りのあいだで速度を変えることを忘れて，公式 (17) を形式的に適用したことにある．図 3 に示したように，兄が速度を変えるときに異なる慣性座標系に移ることになり，兄にとっての同時刻面が変化する．このため，式 (17) で比較されている兄の時間の進みは，弟の時間の進みの一部となっている．このことを正しく考慮

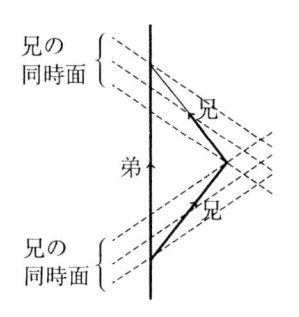

図 3 双子のパラドックス

すると，弟を基準として公式を適用したのと同じ結果が得られる．すなわち，兄が弟より若くなるという結論が得られる．

この議論は，一般的な運動をする標準時計の進みの比較に一般化することができる．標準時計に対しては，その進みが固有時 (20) と一致するので，時間的関係にある 2 つの時空点 A, B を結ぶ異なる曲線に対する固有時を比較すればよい．A と B の空間座標が一致する慣性座標系 S をとると，曲線 C に対応する運動をする時計の進みは

$$\tau = \int_{t_A}^{t_B} dt/\gamma \tag{21}$$

となる．ここで，γ は，S における時刻 t での時計の速度に対するローレンツ因子である．この式より，γ が恒等的に 1 のとき τ は最大となることがわかる．すなわち，等速直線運動に対して固有時の進みは最大となる．

1.7　ミンコフスキー時空

n 次元ユークリッド空間 E^n は通常，ユークリッド距離の与えられた抽象的な n 次元線形空間として定義されるが，そこにデカルト座標 $(x^1, \cdots, x^n)$ を導入すると，n 次元の数空間 $\mathbb{R}^n$ として表現され，ユークリッド距離は座標を用いて $\Delta s^2 = (\Delta x^1)^2 + \cdots + (\Delta x^n)^2$ と表現される．また，異なる

デカルト座標の関係は Δs^2 を不変に保つ非同次直交変換 $r' = Rr + a$ により与えられる．逆に，もとの抽象的なユークリッド空間 E^n は，異なるデカルト座標系を互いに非同次直交変換により対応する点を同一視したものとみなすことができる．また，この同一視により Δs^2 は E^n の距離を定義する．

この考え方を慣性座標系に適用すると，時間空間的に広がりをもたない基本事象の集合としての抽象的な時空概念を得る．すなわち，ローレンツ変換により互いに結ばれる異なる慣性座標系の点を同一視するわけである．このとき，式 (5) で定義されるローレンツ変換で不変な Δs^2 がユークリッド距離（の 2 乗）に対応する量となる．このようにして得られる抽象的な時間空間は，ミンコフスキー時空，対応する距離はミンコフスキー距離とよばれる．また，元の慣性座標系に対応するミンコフスキー時空の座標系は，ミンコフスキー座標系とよばれる．

もちろん，ミンコフスキー距離は空間的な位置にある 2 点に対してのみ通常の意味での距離を与え，時間的な 2 点に対しては固有時を表す量となるので，ユークリッド距離とはかなり異なる．また，光的な位置関係にある 2 点に対してはゼロとなる．ミンコフスキー座標系によるミンコフスキー距離の表現としては，4 次元ベクトルのノルムを表す微分形

$$ds^2 = -(cdt)^2 + (dr)^2 \tag{22}$$

がしばしば用いられ，ミンコフスキー計量とよばれる．2 点のミンコフスキー距離 Δs は，ds をそれらを結ぶ直線に沿って積分したものとなる．

ミンコフスキー時空には，時間と空間の区別は存在しないが，各時空点を頂点とする光円錐や，時間的，光的，空間的，因果的などの 2 点間の関係は，ミンコフスキー計量のみで決まるので，慣性座標系に依存しない概念として定義される．また，次節でみるように，特殊相対性理論における物理法則はミンコフスキー時空上の量のあいだの座標系に依存しない関係式として定式化される．

2章
ミンコフスキー時空のテンソル

　これまで時間座標と空間座標を区別して扱ってきたが，ローレンツ変換やミンコフスキー計量の表式からも明らかなように，相対性理論ではこれらを対等に扱うほうが表現が簡明になる．そこで，以降はとくに断らないかぎり，t の代わりに ct を時間座標として扱い，たとえば $x^0 = ct, x^1 = x, x^2 = y, x^3 = z$ として，ミンコフスキー座標を $x = (x^0, x^1, x^2, x^3)$ のように表記する．また，ギリシャ文字の添え字は $0, 1, 2, 3$ の値をとるものとして，対応する座標系を単に x^μ，y^μ のように表す．また，ラテン文字の小文字 $i, j, k, \cdots$ は $1, 2, 3$ の値をとるものとして，空間座標を x^i，y^j と表す．さらに，表式を簡単にするために，添え字をもつ単項式の中に同じ記号で表される上付きと下付きの添え字が現れる場合には，とくに断らないかぎり，その添え字についての和を表すものと約束する（アインシュタインの和の規約）．たとえば，

$$A^\mu B_\mu = A^0 B_0 + A^1 B_1 + A^2 B_2 + A^3 B_3,$$
$$C^{ij}_j = C^{i1}_1 + C^{i2}_2 + C^{i3}_3$$

これらの記号法を用いると，4次正方行列 (4) の成分を $\eta_{\mu\nu}$ として，ミンコフスキー計量 (22) は

$$\mathrm{d}s^2 = \eta_{\mu\nu} \mathrm{d}x^\mu \mathrm{d}x^\nu \tag{23}$$

と表される．また，ローレンツ変換は，式 (2) に現れる変換行列 Λ の成分を $\Lambda^\mu{}_\nu$ として，

$$x'^{\mu} = \Lambda^{\mu}{}_{\nu}x^{\nu} + a^{\mu} \tag{24}$$

Λ に対する条件 (3) は

$$\eta_{\alpha\beta}\Lambda^{\alpha}{}_{\mu}\Lambda^{\beta}{}_{\nu} = \eta_{\mu\nu} \tag{25}$$

と表される．$\eta^{\mu\nu}$ を $\eta_{\mu\nu}$ の逆行列の成分（実際には $\eta_{\mu\nu}$ と同じ）として，この条件は

$$\Lambda^{\mu}{}_{\alpha}\Lambda^{\nu}{}_{\beta}\eta^{\alpha\beta} = \eta^{\mu\nu} \tag{26}$$

と同値である．

2.1 テンソルとテンソル場

物理法則のローレンツ変換に対する不変性を議論するには，テンソルを用いるのが便利である．ミンコフスキー時空のテンソルは，3次元ユークリッド空間のテンソルを 4 次元ミンコフスキー時空に拡張したもので，各ミンコフスキー座標系では座標成分とよばれる一定個数の数の組で表され，異なる座標系での成分は座標変換により決まる特別な 1 次変換で結ばれる．これらの座標成分は，それぞれが $0, 1, 2, 3$ の値をとる一定個数の添え字の組により区別される．この添え字の個数はテンソルの階数とよばれ，n 階テンソルは 4^n 個の成分をもつ．

もっとも簡単なテンソルは，スカラーとよばれる階数ゼロのテンソルで，座標系に依存しない 1 個の数で表される．たとえば，ミンコフスキー時空の 2 点に対するミンコフスキー距離 Δs^2 や固有時はスカラー量である．

つぎに，簡単なものは 4 個の成分をもつ 1 階のテンソル，すなわちベクトルである．ミンコフスキー時空のベクトルには，ユークリッド空間の場合と異なり，2 種類のベクトルが存在する．1 つは，1 個の上付きの添え字を用いて V^{μ} のように表される量で，反変ベクトルとよばれ，ローレンツ変換 (24) に対して，

$$V'^{\mu} = \Lambda^{\mu}{}_{\nu}V^{\nu} \tag{27}$$

と変換する．もう1つは，1個の下付き添え字を用いて W_μ のように表される共変ベクトルで

$$W'_\mu = \Lambda_\mu{}^\nu W_\nu \tag{28}$$

と変換する．ここで，$\Lambda_\mu{}^\nu$ は ${}^t\Lambda^{-1}$ の成分で，式 (25) より，$\Lambda^\mu{}_\nu$ を用いて

$$\Lambda_\mu{}^\nu = \eta_{\mu\alpha} \eta^{\nu\beta} \Lambda^\alpha{}_\beta \tag{29}$$

と表される．これより，$V^\mu W_\mu$ はスカラー量となる．

反変ベクトルのもっとも基本的な例は，ミンコフスキー時空の2点の座標差 Δx^μ である．また，固有時 τ はスカラー量なので，ミンコフスキー時空における粒子の軌道を τ をパラメータとして表すとき，その接ベクトル

$$u^\mu = \frac{\mathrm{d}x^\mu}{\mathrm{d}\tau} \tag{30}$$

も反変ベクトルとなる．これは，粒子の4元速度ベクトルとよばれる．

4元速度ベクトルを3次元の速度ベクトル $v^i = \mathrm{d}x^i/\mathrm{d}t$ で表すと，

$$u^i = \gamma v^i, \ u^0 = \gamma c \tag{31}$$

と表される．ここで，γ は速度ベクトル v^i に対するローレンツ因子である．したがって，4元速度ベクトルは3次元速度ベクトルと同様，3個の独立な成分をもつが，3次元速度ベクトルの変換則 (11) と比べてずっと簡単な変換式に従う．4元速度ベクトルの4個の成分が独立でないことは，$\eta_{\mu\nu} u^\mu u^\nu = -c^2$ と表現される．

添え字の位置による変換性の違いのために，階数 n が2以上のテンソルは，上付きの添え字と下付きの添え字の数により分類され，p 個の上付き添え字と q 個の下付き添え字をもつものは，(p,q) 型テンソルとよばれる．ここで，$n = p + q$ である．(p,q) 型テンソルは，p 個の反変ベクトルと q 個の共変ベクトルのテンソル積と同じ変換性をもつ．たとえば，$(2,0)$ 型テンソルは2つの反変ベクトル U^μ，V^μ の可能なすべての成分の積からつくられる16個の成分をもつ量 $T^{\mu\nu} = U^\mu V^\nu$ と同じ変換性をもち，ローレンツ変換に対して

$$T'^{\mu\nu} = \Lambda^{\mu}{}_{\alpha}\Lambda^{\nu}{}_{\beta}T^{\alpha\beta} \tag{32}$$

と変換する．$(2,0)$ 型テンソルは 2 階反変テンソルともよばれる．同様に，反変ベクトルと共変ベクトルおよび 2 つの共変ベクトルのテンソル積からは

$$T'^{\mu}{}_{\nu} = \Lambda^{\mu}{}_{\alpha}\Lambda_{\nu}{}^{\beta}T^{\alpha}{}_{\beta} \tag{33}$$

$$T'_{\mu\nu} = \Lambda_{\mu}{}^{\alpha}\Lambda_{\nu}{}^{\beta}T_{\alpha\beta} \tag{34}$$

と変換する 16 成分の $(1,1)$ 型および $(0,2)$ 型テンソルが得られ，それぞれ 2 階混合テンソル，2 階共変テンソルとよばれる．

この規則を一般化して，(p,q) 型テンソル $T^{\mu_1\cdots\mu_p}_{\nu_1\cdots\nu_q}$ は

$$T'^{\mu_1\cdots\mu_p}_{\nu_1\cdots\nu_q} = \Lambda^{\mu_1}{}_{\alpha_1}\cdots\Lambda^{\mu_p}{}_{\alpha_q}\Lambda_{\nu_1}{}^{\beta_1}\cdots\Lambda_{\nu_q}{}^{\beta_q}T^{\alpha_1\cdots\alpha_p}_{\beta_1\cdots\beta_q} \tag{35}$$

と変換する 4^{p+q} 個の量の組として定義される．

以上は，時空全体で定義されたテンソルであるが，ユークリッド空間におけるベクトル場のように，各時空点ごとに同じ型のテンソルを対応させることによりテンソル場を定義することができる．たとえば，反変ベクトル場は各ミンコフスキー座標系で 4 個の関数の組 $V^{\mu}(x)$ で表され，座標変換に対して

$$V'^{\mu}(x') = \Lambda^{\mu}{}_{\nu}V^{\nu}(x) \tag{36}$$

と変換する．

定数型のテンソルと異なり，座標に関して微分することにより，テンソル場から階数の高いテンソル場をつくることができる．たとえば，$\phi(x)$ をスカラー場とするとき，その座標に関する導関数 $\partial_{\mu}\phi(x) = \partial\phi(x)/\partial x^{\mu}$ は共変ベクトル場となる．一般に，(p,q) 型のテンソル場 $T(x)$ に対して，その 1 階導関数 $\partial_{\mu}T(x)$ は $(p,q+1)$ 型のテンソル場となる．

2.2 テンソル代数

テンソルには，つぎの代数的演算が定義される．

① スカラー倍 kT：これは，(p,q) 型テンソル T のすべての成分に同じ数（ないしスカラー量）k をかける演算で，結果は (p,q) 型テンソルとなる．

② 和 $T+S$：これは，同じ型のテンソル T と S に対して，添え字の組が同じ値をもつ成分どうしの和をとる演算で，結果は元のテンソルと同じ型のテンソルとなる．

③ テンソル積 $T\otimes S$：これは，(p,q) 型テンソル T の成分と (r,s) 型テンソル S の成分のすべての組について積をとる演算で，結果は $(p+r,q+s)$ 型テンソルとなる．

④ 縮約 $\mathcal{C}^i_j T$：これは，(p,q) 型テンソルの i 番目の上付き添え字と j 番目の下付き添え字の組について和をとる演算で，結果は $(p-1,q-1)$ 型テンソルとなる．たとえば，反変ベクトル V^μ と共変ベクトル W_μ のテンソル積 $(V\otimes W)^\mu_\nu = V^\mu W_\nu$ の縮約はスカラー量 $(V\otimes W)^\mu_\mu = V^\mu W_\mu$ を与える．

一般に型の異なるいくつかのテンソル量 $Q_1, Q_2, \cdots$ からこれらの代数的演算によりつくられるテンソル $T=T(Q_1,Q_2,\cdots)$ を用いて $T=0$ と表される方程式はテンソル方程式とよばれる．テンソルの座標成分の座標変換に対する変換則は可逆となっている．このため，テンソルの座標成分があるミンコフスキー座標系ですべてゼロとなれば，任意の座標系で座標成分はゼロとなる．このため，物理量がテンソルにより記述され，物理法則がそれらからつくられたテンソル方程式として表現されるならば，その物理法則のローレンツ変換に対する不変性が自動的に保証されることになる．物理量がテンソル場で記述される場合には，上記の代数演算に場の座標微分により高階のテンソルをつくる操作を加えて物理法則をテンソル場の方程式として記述すれば，場の理論に対してもローレンツ不変な法則を得る．このため，特殊相対論における多くの物理法則の定式化はテンソル（場）を用いて行われる．ただし，すべての法則がテンソル（場の）方程式により表されるわけではなく，たとえば電子などの半整数スピンをもつ粒子を

記述するには，後ほど述べるスピノールを用いることが必要となる．

2.3　計量テンソルによる添え字の上げ下げ

ミンコフスキー計量を与える行列 $\eta_{\mu\nu}$ および $\eta^{\mu\nu}$ は，すべてのミンコフスキー座標系で同じ値をとる 16 個の数の組であるが，式 (25) および (26) は，それらが同時にそれぞれ 2 階の共変テンソルおよび反変テンソルの変換則にも従うことを示している．そこで，これらは計量テンソルとよばれる．また，計量テンソルのように，すべての座標系で成分の値が一致するテンソルは不変テンソルとよばれる．

計量テンソルと縮約を用いると，同じ階数で型の異なるテンソルを結びつけることができる．たとえば，反変ベクトル V^μ および共変ベクトル W_μ に対して

$$V_\mu = \eta_{\mu\nu} V^\nu, \ W^\mu = \eta^{\mu\nu} W_\nu \tag{37}$$

はそれぞれ共変ベクトル，反変ベクトルとして変換する．この方法で $\eta_{\mu\nu}$ により上付き添え字を下付き添え字に，$\eta^{\mu\nu}$ により下付き添え字を上付き添え字に変える変換は，計量テンソルによる添え字の上げ下げとよばれる．特殊相対性理論では，ある物理量を表すテンソルからこの操作により得られるテンソルは同じ物理量の異なる数学的表現とみなし，物理量としては区別しない．

2.4　レヴィ-チヴィタ擬テンソル

ミンコフスキー計量とならんで重要な不変テンソルとして，レヴィ-チヴィタテンソルとよばれる 4 階反対称テンソル $\epsilon_{\mu\nu\lambda\sigma}$ がある．このテンソルは完全反対称，すなわちどの 2 つの添え字を入れ替えても符号が変わるという性質をもつ．完全反対称テンソルの成分は，添え字の中に一致する

ものがあれば必ずゼロとなるので，レヴィ–チヴィタテンソルは ϵ_{0123} の値を決めればすべての成分が一意的に決定される．この解説では $\epsilon_{0123} = 1$ と約束する．

テンソルの変換則をレヴィ–チヴィタテンソルに形式的に適用すると

$$\epsilon'_{\mu\nu\lambda\sigma} = (\det \Lambda)\epsilon_{\mu\nu\lambda\sigma} \tag{38}$$

となる．したがって，レヴィ–チヴィタテンソルは固有ローレンツ変換に対しては不変テンソルとして振る舞うが，$\det \Lambda = -1$ となる変換に対してはテンソルとして変換しない．このように，テンソルの変換則に $\det \Lambda$ を掛けた式に従って変換する量は擬テンソルとよばれる．

レヴィ–チヴィタ（擬）テンソルは，ミンコフスキー時空にかぎらず定数計量をもつ任意次元の空間に対しても定義され，次元と同じ階数をもつ完全反対称テンソルとして特徴づけられる．

3章
特殊相対性理論における物理法則

3.1 粒子の運動方程式

特殊相対性理論において,粒子の速度を表すテンソルは4元速度ベクトル $u^\mu = \mathrm{d}x^\mu/\mathrm{d}\tau$ である.これを固有時でさらに微分すると,反変ベクトルとして振る舞う4元加速度ベクトル $\mathrm{d}u^\mu/\mathrm{d}\tau$ が得られ,その空間成分は粒子の速度がゼロの極限で通常の加速度 $\mathrm{d}^2x^i/\mathrm{d}t^2$ に一致する.したがって,粒子の運動方程式を与えるテンソル方程式の自然な候補は

$$m_0 \frac{\mathrm{d}u^\mu}{\mathrm{d}\tau} = F^\mu \tag{39}$$

となる.ここで,m_0 は質量を表す定数で静止質量とよばれる.また,F^μ は力を表す反変ベクトルで4元力とよばれる.u^μ の独立な成分が3個であることに対応して,4元力もその3成分のみが独立となる.実際,u^μ の満たす条件

$$u \cdot u \equiv u^\mu u_\mu = -c^2 \tag{40}$$

と運動方程式が整合的であることより

$$u \cdot F \equiv u_\mu F^\mu = 0 \tag{41}$$

を得る.

この運動方程式とニュートンの運動方程式との対応をみるために,座標時間 t をパラメータとして式 (39) の空間成分を速度 $v^i = \mathrm{d}x^i/\mathrm{d}t$ に対する

方程式に書き直すと
$$\frac{\mathrm{d}}{\mathrm{d}t}(m\boldsymbol{v}) = \boldsymbol{f};\ \boldsymbol{f} \equiv \boldsymbol{F}/\gamma \tag{42}$$
を得る．ここで，m は
$$m = m_0\gamma;\ \gamma = 1/\sqrt{1 - \boldsymbol{v}^2/c^2} \tag{43}$$
で定義される質量である．これより，3次元運動量ベクトルを
$$\boldsymbol{p} = m\boldsymbol{v} = m_0\gamma\boldsymbol{v} \tag{44}$$
と定義し，$\boldsymbol{f} = \boldsymbol{F}/\gamma$ をニュートン理論における力に対応させれば，式 (39) の空間成分は，質量 m が速度に依存する点を除いて，ニュートンの運動方程式と同じ方程式を与える．また，式 (39) の時間成分は，上で述べたように，空間成分に従属している．したがって，物理法則のテンソル方程式による表現に関する一般論に従うと，式 (39) は特殊相対性理論の要請を満たす運動方程式としてもっとも自然なものである．もちろん，この一般的な考察だけでその正当性が保証されるわけではない．運動方程式はそもそも力の定義であり，それによって定義された力が自然で簡明な法則に従うかどうかで，その妥当性が判断される．この視点から，実際に式 (39) が適切なものであることは，電磁場との相互作用に関する定式化の 3.4 節で示される．

特殊相対性理論における粒子の運動方程式 (39) のもっとも大きな特徴は，ニュートン理論の形式に書きかえたときに，質量に相当する量 m が速度に依存することである．この量は，じつは粒子のエネルギーを与えることが，つぎの考察からわかる．まず，式 (39) の時間成分は
$$\frac{\mathrm{d}}{\mathrm{d}t}mc^2 = \boldsymbol{v} \cdot \boldsymbol{f} \tag{45}$$
と書きかえられる．この式は，mc^2 の変化が，粒子にはたらく力のする仕事に等しいことを表している．さらに，$v^2/c^2 \ll 1$ となるニュートン極限では，mc^2 は
$$mc^2 = m_0c^2 + \frac{1}{2}m_0\boldsymbol{v}^2 + \mathrm{O}\bigl((v/c)^4\bigr) \tag{46}$$

3.1 粒子の運動方程式

と展開され，運動エネルギーに定数項 m_0c^2 を加えたものと一致する．したがって，粒子のエネルギーの自然な定義は

$$E = mc^2 = \gamma m_0 c^2 \tag{47}$$

となる．ここで，粒子のエネルギーを運動エネルギー $E_\mathrm{K} = (m-m_0)c^2$ ではなく，それに定数項 m_0c^2 を加えた量により定義することは，エネルギー保存則が静止質量の変化する物理過程で成り立つために必要である．実際，$\boldsymbol{f}$ が作用反作用の法則を満たすと仮定すると，外力を受けない多粒子系に対して，運動量の総和 $\sum \boldsymbol{p}$ は保存される．ところが，$\boldsymbol{p}$ と E/c は，反変ベクトルとして振る舞う4元運動量

$$p^\mu = m_0 u^\mu \tag{48}$$

の空間成分と時間成分となっている．このため，ある慣性系で運動量の総和の変化 $\sum \Delta p^i$ がゼロで E の総和の変化 $\sum \Delta E$ がゼロでないとすると，別の慣性系での運動量の総和の変化は $\Lambda^i{}_0 \sum \Delta E/c \neq 0$ となり，運動量保存則が破れてしまう．したがって，運動量保存則は E の総和の保存則を要求する．

素粒子のような基本粒子の場合，静止質量の変化は粒子の種類が変化する素粒子反応によってのみ起こり，その取扱いには場の量子論が必要となる．しかし，多くの基本粒子からなる複合系を1つの物体ないし粒子として取り扱う場合には，その静止質量の変化を古典論で議論することができる．そのために，まず，4元運動量 (48) に対して

$$p \cdot p \equiv p^\mu p_\mu = -m_0^2 c^2 \tag{49}$$

が成り立つことに注目する．簡単のために相互作用のエネルギーが無視できる多粒子系を考えると，その全4元運動量 P^μ は構成粒子の4元運動量の和 $\sum p^\mu$ となる．そこで，複合粒子に対して式 (49) により静止質量 M_0 を定義すると，$\boldsymbol{P} = 0$ となる質量中心系では，

$$M_0 = \sum m = \sum m_0 \gamma \tag{50}$$

を得る.したがって,つねに $M_0 \geq \sum m_0$ となり,しかも M_0 の値は構成粒子の内部運動エネルギーに応じて変化する.このように,特殊相対性理論では,粒子の静止質量と運動エネルギーのそれぞれが独立には保存されず,静止質量に対するエネルギー $m_0 c^2$ と運動エネルギーの和である E のみが保存される.この事実は,エネルギーと質量の等価性とよばれ,しばしばその象徴的表現として式 (47) が用いられる.

3.2 ボルツマン方程式

流体やガスなどの粒子系を統計的に扱うには,ボルツマン方程式が用いられる.特殊相対性理論におけるボルツマン方程式を導くには,時空座標 x^μ と 4 元運動量 p^μ の対 $(z^A) = (x^\mu, p^\mu)$ の集合である 8 次元の相空間 $\mathcal{P}$ を出発点とするのが便利である.以下,$\mathcal{P}$ での計量を $dz \cdot dz = dx \cdot dx + dp \cdot dp$ により定義し,$\mathcal{P}$ 内の(高次元)曲面の体積としては,この計量から導かれるものを用いる.

各粒子は,この相空間内で互いに交わらない軌道をもち,そのパラメータ λ を適当にとると,式 (39) より各軌道は微分方程式

$$\frac{dz^A}{d\lambda} = U^A; \quad (U^A) = (p^\mu, m_0 F^\mu) \tag{51}$$

に従う.ここで,$m_0 = \sqrt{-p \cdot p}/c$ である.ベクトル $(p^\mu, 0)$ に垂直な微小超曲面 $d\Sigma$ に対して,その面と交わる粒子の軌道数が $dN = m_0 c \tilde{\Phi}(x,p) d\Sigma$ で与えられるとして,$\mathcal{P}$ 上のベクトル場を

$$J^A = \tilde{\Phi}(x,p) U^A \tag{52}$$

により定義する.このとき,法ベクトルのノルムが負となる任意の微小超曲面 $d\Sigma$ に対して,その単位法ベクトルを n^A とすると,$d\Sigma$ と交わる軌道数は

$$dN = -J^A n_A d\Sigma \tag{53}$$

で与えられる．したがって，ガウスの公式 (5.12 節参照) より，粒子数が保存される場合には，$\partial_A J^A = 0$ が成り立つ．これに対して，粒子の衝突散乱や反応が起きる一般の場合には

$$\partial_A J^A = \tilde{\mathcal{C}} \tag{54}$$

はゼロでなくなり，相空間における粒子数の局所的な変化率を与える．

時間 $t=$ 一定となる超平面内で，空間の点 $\bm{r}$ を中心とする微小領域 $\mathrm{d}^3\bm{r}$ に含まれ，4 元運動量が p を中心として $\mathrm{d}^4 p$ の範囲にある粒子数 $\mathrm{d}N$ は

$$\mathrm{d}N = J^0 \mathrm{d}^3\bm{r} d^4 p = p^0 \tilde{\Phi} \mathrm{d}^3 \bm{r} \mathrm{d}^4 p \tag{55}$$

で与えられる．したがって，$\tilde{\Phi}$ は時間一定面における分布関数とみなすことができ，式 (54) は，$\tilde{\Phi}$ に対する方程式

$$p^\mu \frac{\partial \tilde{\Phi}}{\partial x^\mu} + \frac{\partial (m_0 F^\mu \tilde{\Phi})}{\partial p^\mu} = \tilde{\mathcal{C}} \tag{56}$$

を与える．このローレンツ不変な方程式は，相対論的ボルツマン方程式，右辺は衝突項とよばれる．また，$\tilde{\Phi}$ は，ローレンツ変換から誘導される 8 次元相空間 $\mathcal{P}$ での変換に対してスカラー場として振る舞うので，不変分布関数とよばれる．

粒子がすべて同一の静止質量 m_0 をもつ場合には，分布関数 $\tilde{\Phi}$ と衝突項 $\tilde{\mathcal{C}}$ は，4 元運動量空間における質量殻 $p^2 + m_0^2 c^2 = 0 (p^0 > 0)$ 上の関数 Φ, $\mathcal{C}$ を用いて

$$\tilde{\Phi} = 2\delta(p^2 + m_0^2)\Phi(t, \bm{r}, \bm{p}), \tag{57}$$

$$\tilde{\mathcal{C}} = 2(p^0/c)\delta(p^2 + m_0^2)\mathcal{C}(t, \bm{r}, \bm{p}) \tag{58}$$

と表される．これらを用いると，時刻 t に空間体積 $\mathrm{d}^3\bm{r}$ に含まれ，3 次元運動量が $\bm{p}$ を中心として $\mathrm{d}^3\bm{p}$ の範囲にある粒子数は

$$\mathrm{d}N = \Phi(t, \bm{r}, \bm{p}) \mathrm{d}^3\bm{r} \mathrm{d}^3\bm{p} \tag{59}$$

と表される．また，ボルツマン方程式 (56) は

$$\frac{\partial \Phi}{\partial t} + v^i \frac{\partial \Phi}{\partial x^i} + f^i \frac{\partial \Phi}{\partial p^i} + \frac{\partial f^i}{\partial p^i} \Phi = \mathcal{C} \tag{60}$$

と書きかえられる．左辺の最後の項は，電磁力を含めて多くの場合ゼロとなる．このとき，この式は通常の非相対論的ボルツマン方程式と同じ形になる．

3.3 流体の方程式

局所熱平衡にある流体や気体の巨視的な振る舞いを記述する方程式は，ボルツマン方程式より導かれる．まず，4元ベクトル場 N^μ を

$$N^\mu(x) = \int \mathrm{d}^4 p\, p^\mu \tilde{\Phi}(x,p) \tag{61}$$

により定義すると，相対論的ボルツマン方程式より

$$\partial_\mu N^\mu = \Gamma/c \equiv \int \mathrm{d}^4 p\, \tilde{\mathcal{C}} \tag{62}$$

を得る．式 (55) より，N^0 は粒子数密度 n と，N^j は粒子流束ベクトル $\boldsymbol{j}/c$ と一致する．

$$(N^\mu) = (n, \boldsymbol{j}/c) \tag{63}$$

したがって，式 (62) は粒子数変化の方程式

$$\partial_t n + \nabla \cdot \boldsymbol{j} = \Gamma \tag{64}$$

に対応するローレンツ不変なテンソル方程式を与えている．

つぎに，2階の対称テンソル場 $T^{\mu\nu}$ を

$$T^{\mu\nu} = c \int \mathrm{d}^4 p\, p^\mu p^\nu \tilde{\Phi} \tag{65}$$

により定義すると，その成分 $\epsilon = T^{00}$, $S^i = T^{0i}/c$ および $P^{ij} = T^{ij}$ は，それぞれ流体のエネルギー密度，運動量密度，応力テンソルを表すので，$T^{\mu\nu}$ は流体に対するエネルギー運動量テンソルとよばれる．相対論的ボルツマン方程式を用いると，$T^{\mu\nu}$ に対するつぎのローレンツ不変な方程式を得る．

$$\partial_\nu T^{\mu\nu} = Q^\mu;$$
$$Q^\mu = c \int \mathrm{d}^4 p (m_0 F^\mu \tilde{\Phi} + p^\mu \tilde{\mathcal{C}}) \tag{66}$$

とくに，外力と衝突項がゼロのとき，

$$\partial_\nu T^{\mu\nu} = 0 \tag{67}$$

が成り立つ．$T^{\mu\nu}$ が有界な空間領域でのみゼロでないときには，これより全エネルギー E および全運動量 p^i に対する保存則

$$\frac{\mathrm{d}E}{\mathrm{d}t} = 0; \quad E = \int \mathrm{d}^3\boldsymbol{r}\,\epsilon \tag{68a}$$

$$\frac{\mathrm{d}p^i}{\mathrm{d}t} = 0; \quad p^i = \int \mathrm{d}^3\boldsymbol{r}\,S^i \tag{68b}$$

が導かれるので，式 (67) はエネルギーと運動量の局所的な保存則を表している．

この局所保存則は，ニュートン力学での流体の運動方程式に対応するものである．これをみるために，局所静止系で等方的な流体を考える．すなわち，与えられた点で $S^i = 0$ となる慣性系においてエネルギー運動量テンソルが

$$T^{00} = \rho,\ T^{0i} = 0,\ T^{ij} = P\delta^{ij} \tag{69}$$

で与えられるとする．P は圧力を，ρ は静止系でのエネルギー密度を表す．ρ は固有エネルギー密度とよばれる．局所静止系の原点の 4 元速度を u^μ とおくと，この表式は

$$T^{\mu\nu} = c^{-2}(\rho + P)u^\mu u^\nu + P\eta^{\mu\nu} \tag{70}$$

と同等である．エネルギー運動量テンソルがこの表式で与えられる流体は理想流体とよばれる．

理想流体に対して，式 (66) の u^μ に平行な成分と垂直な成分を書き下すと

$$u^\mu \partial_\mu \rho + (\rho + P)\partial_\mu u^\mu = -u_\mu Q^\mu \tag{71a}$$

$$\frac{\rho + P}{c^2} u^\nu \partial_\nu u^\mu + h^{\mu\nu} \partial_\nu P = h^\mu_\nu Q^\nu \tag{71b}$$

となる. ここで, $h^{\mu\nu}$ は u^μ に垂直な平面への射影を表すテンソル

$$h^{\mu\nu} = \eta^{\mu\nu} + c^{-2}u^\mu u^\nu \tag{72}$$

である. 流体の速度が光速に比べて十分小さいとき, 式 (71) の第 2 式はオイラー方程式と一致する. また, 第 1 式は熱力学の第 1 法則

$$dE + PdV = dQ \tag{73}$$

を与える. したがって, 式 (62) と式 (66) が, 流体に対するローレンツ不変な基本方程式を与える.

3.4 電気力学

　荷電粒子系と電磁場の相互作用を記述する電気力学は, 特殊相対性理論が誕生する契機となった物理系であり, その基礎となるマクスウェル理論は, すでに述べた運動方程式の変更を考慮するだけでローレンツ不変な形式に書きかえることができる.

　まず, 6 個の独立な成分を含むテンソルのうち, もっとも階数の低いものは 2 階の反対称テンソルである. そこで, 電場 $\boldsymbol{E}$ と磁場 $\boldsymbol{B}$ から反対称行列 $F^{\mu\nu}$ を

$$F^{0j} = E^j, \quad F^{jk} = c\epsilon^{jkl}B_l \tag{74}$$

により定義する. この量を用いると, 電磁場中を速度 $\boldsymbol{v}$ で運動する電荷 q の粒子に対するローレンツ力

$$\boldsymbol{f} = q(\boldsymbol{E} + \boldsymbol{v} \times \boldsymbol{B}) \tag{75}$$

に対する 4 元力 F^μ は

$$F^\mu = \frac{q}{c}F^{\mu\nu}u_\nu \tag{76}$$

と表される. u_μ は 4 元共変ベクトルなので, これより, F^μ がローレンツ変換に対して反変ベクトルとして振る舞うことを要求すると, $F^{\mu\nu}$ は 2 階反

変テンソルとして変換しなければならないことが示される.そこで,$F^{\mu\nu}$ は電磁テンソルとよばれる.

$F^{\mu\nu}$ がテンソルであるとすると,式 (7) のローレンツ変換 $\Lambda(\boldsymbol{\beta})$ に対して電場と磁場は

$$\boldsymbol{E}' = \gamma \boldsymbol{E} - \frac{\gamma^2}{\gamma+1}(\boldsymbol{\beta}\cdot\boldsymbol{E})\boldsymbol{\beta} + \gamma \boldsymbol{v}\times\boldsymbol{B} \tag{77a}$$

$$\boldsymbol{B}' = \gamma \boldsymbol{B} - \frac{\gamma^2}{\gamma+1}(\boldsymbol{\beta}\cdot\boldsymbol{B})\boldsymbol{\beta} - \frac{1}{c^2}\gamma \boldsymbol{v}\times\boldsymbol{E} \tag{77b}$$

と変換する.とくに,$|\boldsymbol{\beta}|\ll 1$ のときには,これらは

$$\boldsymbol{E}' = \boldsymbol{E} + \boldsymbol{v}\times\boldsymbol{B} + \mathrm{O}(\beta^2), \tag{78a}$$

$$\boldsymbol{B}' = \boldsymbol{B} - \frac{1}{c^2}\boldsymbol{v}\times\boldsymbol{E} + \mathrm{O}(\beta^2) \tag{78b}$$

となり,ファラデーおよびマクスウェルの誘導公式と一致する.

さらに,電荷密度 ρ_e と電流密度ベクトル $\boldsymbol{j}_e$ から 4 元電流密度を

$$J^\mu = (\rho_e, \boldsymbol{j}_e/c) \tag{79}$$

により定義すると,電磁場に対するマクスウェル方程式は,つぎの 2 つの式にまとめられる.

$$\partial_\nu F^{\mu\nu} = \frac{1}{\epsilon_0} J^\mu \tag{80a}$$

$$\partial_\mu F_{\nu\lambda} + \partial_\nu F_{\lambda\mu} + \partial_\lambda F_{\mu\nu} = 0 \tag{80b}$$

ここで,ϵ_0 は真空の誘電率である.電荷 q_I をもつ粒子系に対する不変分布関数を $\tilde{\Phi}_I$ とすると,J^μ は

$$J^\mu(x) = \sum_I q_I \int \mathrm{d}^4 p\, p^\mu \tilde{\Phi}_I(x,p) \tag{81}$$

と表されるので,明らかに反変ベクトル場である.したがって,$F^{\mu\nu}$ がテンソルなら式 (80) はテンソル方程式となる.これはマクスウェル方程式がもともとローレンツ不変であったことを意味している.以上より,マクスウェル方程式 (80) および 4 元力 (76) に対応する運動方程式

$$m_0 \frac{du^\mu}{d\tau} = \frac{q}{c} F^{\mu\nu} u_\nu \tag{82}$$

が特殊相対性理論における電気力学の基礎方程式を与える.

電磁場に対するエネルギー運動量テンソルを

$$T^{\mu\nu}_{\mathrm{EM}} = \epsilon_0 \left(F^{\mu\alpha} F^\nu{}_\alpha - \frac{1}{4} \eta^{\mu\nu} F^{\alpha\beta} F_{\alpha\beta} \right) \tag{83}$$

により定義し,荷電粒子系に対するエネルギー運動量テンソルを $T^{\mu\nu}_{\mathrm{m}}$ と表記する.このとき,粒子系に電磁力以外の力がはたらかず衝突項の寄与がゼロならば,式 (82), (80) より,荷電粒子系と電磁場を合わせた系に対する全エネルギー運動量の局所保存則

$$\partial_\nu T^{\mu\nu} = 0 \; ; \quad T^{\mu\nu} = T^{\mu\nu}_{\mathrm{m}} + T^{\mu\nu}_{\mathrm{EM}} \tag{84}$$

が導かれる.$T^{\mu\nu}_{\mathrm{EM}}$ の各成分を電場と磁場を用いて具体的に表すと

$$T^{00}_{\mathrm{EM}} = \frac{1}{2} \left(\epsilon_0 \boldsymbol{E}^2 + \frac{1}{\mu_0} \boldsymbol{B}^2 \right) \tag{85a}$$

$$T^{0i}_{\mathrm{EM}} = c \epsilon_0 (\boldsymbol{E} \times \boldsymbol{B})^i \tag{85b}$$

$$T^{ij}_{\mathrm{EM}} = \epsilon_0 \left(-E^i E^j + \frac{1}{2} \boldsymbol{E}^2 \delta^{ij} \right) + \frac{1}{\mu_0} \left(-B^i B^j + \frac{1}{2} \boldsymbol{B}^2 \delta^{ij} \right) \tag{85c}$$

となり,$T^{00}_{\mathrm{EM}}, T^{0i}_{\mathrm{EM}}, T^{ij}_{\mathrm{EM}}$ はそれぞれ電磁場のエネルギー密度,ポインティングベクトル,3次元応力テンソルを表していることがわかる.ここで μ_0 は真空の透磁率で,光速は ϵ_0 と μ_0 を用いて $c^2 = 1/(\epsilon_0 \mu_0)$ と表される.

3.5 一様静電磁場中の荷電粒子の運動

電磁場中での荷電粒子に対する運動方程式 (82) は,空間成分と時間成分に分けて書くと

$$\frac{d\boldsymbol{p}}{dt} = q(\boldsymbol{E} + \boldsymbol{v} \times \boldsymbol{B}) \tag{86a}$$

$$\frac{d\mathcal{E}}{dt} = q\boldsymbol{v} \cdot \boldsymbol{E} \tag{86b}$$

となり，運動量とエネルギーの定義の違いを除けば，ニュートン理論における運動方程式と同じ形をとる (この節では，電場と区別するためにエネルギーを $\mathcal{E}$ で表す). この方程式は，電磁場が一様で静的なときには厳密に解くことができる [3]. たとえば，E が定数で $B=0$ のときの一般解は，固有時 τ についてのパラメータ表示で

$$t = \frac{\gamma_0}{A}[\sinh(A\tau) + \boldsymbol{\beta}_0 \cdot \boldsymbol{n}(\cosh(A\tau) - 1)],$$
$$\boldsymbol{r} - \boldsymbol{r}_0 = \frac{\gamma_0 c}{A}[\cosh(A\tau) - 1 + \boldsymbol{\beta}_0 \cdot \boldsymbol{n}\sinh(A\tau)]\boldsymbol{n}$$
$$+ \gamma_0\tau[\boldsymbol{v}_0 - (\boldsymbol{v}_0 \cdot \boldsymbol{n})\boldsymbol{n}] \tag{87}$$

と表される．ここで，添え字 0 は $t=0$ での初期値を表す．また，$\boldsymbol{n}$ は $\boldsymbol{E}$ 方向の単位ベクトル，$A = q|\boldsymbol{E}|/(m_0 c)$ である．とくに，初速度 $\boldsymbol{v}_0$ が $\boldsymbol{E}$ に平行な場合には，時空における粒子の軌道は双曲線

$$\left(\boldsymbol{r} - \boldsymbol{r}_0 + \frac{\gamma_0 c}{A}\boldsymbol{n}\right)^2 - \left(ct + \frac{v_0\gamma_0}{A}\right)^2 = \frac{c^2}{A^2} \tag{88}$$

となる．粒子の速度は $t \to \pm\infty$ で光速に近づく．

また，$\boldsymbol{B}$ が定数で $\boldsymbol{E}=0$ の場合には，式 (86b) より粒子のエネルギー $\mathcal{E} = mc^2 = m_0\gamma c^2$ は定数となり，式 (86a) は $\boldsymbol{p} = m\boldsymbol{v}$ と置けばニュートン理論とまったく同じになる．したがって，粒子は磁場に平行な方向には等速直線運動を，垂直な方向では等速円運動をし，全体としては一般にらせん運動となる．ただし，円運動の角振動数 ω と回転半径 r は，磁場に垂直な速度成分を $v_\perp$ として，

$$\omega = \frac{qB}{m_0\gamma}, \quad r = \frac{m_0 c\gamma}{qB}v_\perp \tag{89}$$

となり，相対論的効果で γ 依存性が生じる．

3.6 スピンの運動

一般に，渦電流は荷電粒子の回転運動により生み出されるので，その磁気モーメント $\boldsymbol{\mu}$ は角運動量 $\boldsymbol{L}$ と相関をもつ．とくに，電流が同じ電荷 q

と静止質量 m_0 をもつ粒子により担われているときには，それらは関係式 $\boldsymbol{\mu} = (q/2m_0)\boldsymbol{L}$ により結びついている．これと対応して，電子などスピンがゼロでない素粒子は，粒子の静止系においてスピンベクトル $\boldsymbol{S}$ に比例した磁気モーメント $\boldsymbol{\mu}$ をもつ．

$$\boldsymbol{\mu} = g\frac{q}{2m_0}\boldsymbol{S} \tag{90}$$

ここで，m_0 と q は素粒子の静止質量と電荷である．また，g は g 因子とよばれる素粒子の種類に依存した無次元量で，電子に対しては $g=2$ である．

この磁気モーメントのために，磁場 $\boldsymbol{B}$ の中を運動する粒子のスピンは歳差運動を起こす．このスピンの歳差運動を記述する相対論的な方程式は，つぎのようにして得られる．まず，スピンは粒子の静止系で空間的ベクトル $\boldsymbol{S}$ で表されるので，一般の慣性系では $u \cdot S = 0$ を満たす4元ベクトル S^μ により記述される．この拘束条件と，粒子の瞬間静止系で $\boldsymbol{S}$ が非相対論での方程式

$$\dot{\boldsymbol{S}} = \boldsymbol{\mu} \times \boldsymbol{B} = \frac{gq}{2m_0}\boldsymbol{S} \times \boldsymbol{B} \tag{91}$$

に従うことを要求すると，S^μ に対するローレンツ不変な方程式は一意的に決まり，

$$\dot{S}^\mu = \frac{gq}{2m_0 c}h^\mu_\nu F^{\nu\lambda}S_\lambda + \frac{u^\mu}{c^2}\dot{u} \cdot S \tag{92}$$

となる．ここで，$F^{\mu\nu}$ は電磁テンソル，ドットは固有時に関する微分で，h^μ_ν は射影テンソル (72) である．

粒子が静的な電場 $\boldsymbol{E}$ と磁場 $\boldsymbol{B}$ の中を等速円運動し，軌道上で $\boldsymbol{E}$ が角速度ベクトル $\boldsymbol{\Omega}$ に垂直，$\boldsymbol{B}$ が $\boldsymbol{\Omega}$ に平行となる場合には，式 (92) は厳密に解くことができる．各時刻での粒子の瞬間静止系 S(t) に対応する4元ベクトルの基底

$$\begin{aligned}&e_0 = (\gamma, \gamma\boldsymbol{\beta}),\ e_1 = (\gamma\beta, \gamma\hat{\boldsymbol{v}}),\\&e_2 = (0, \hat{\boldsymbol{\Omega}} \times \hat{\boldsymbol{v}}),\ e_3 = (0, \hat{\boldsymbol{\Omega}})\end{aligned} \tag{93}$$

を用いて S を $S = xe_1 + ye_2 + ze_3$ と成分表示すると，方程式は

3.6 スピンの運動

$$\frac{dx}{dt} = -\omega y, \quad \frac{dy}{dt} = \omega x, \quad \frac{dz}{dt} = 0 \tag{94}$$

となる．ここで，$\boldsymbol{v} = c\boldsymbol{\beta}$ は粒子の速度ベクトル，γ は対応する γ 因子，$\hat{\boldsymbol{v}} = \boldsymbol{v}/|\boldsymbol{v}|$，$\hat{\boldsymbol{\Omega}} = \boldsymbol{\Omega}/|\boldsymbol{\Omega}|$ である．また，ω は

$$\omega = -\left[\gamma\Omega + \frac{gq}{2m_0}\hat{\boldsymbol{\Omega}}\cdot\left(\boldsymbol{B} - \frac{1}{c^2}\boldsymbol{v}\times\boldsymbol{E}\right)\right] \tag{95}$$

で与えられる ($\Omega = |\boldsymbol{\Omega}|$)．この式は，スピンが系 S($t$) において $\boldsymbol{\Omega}$ のまわりに角速度 ω で歳差運動することを表している．この角速度に対する表式において，第1項は外部電磁場と無関係な運動学的項で，$\gamma = 1$ となる非相対論的極限では，慣性座標系 S(t) の空間軸が実験室系に対して角速度 Ω で回転しているために生じる見かけのスピンの回転を表す．すなわち，スピンの向きは実験室系からみると変化しない．しかし，粒子の速度が光速と比べて無視できなくなるとこの項は $-\Omega$ からずれ，粒子が軌道を1回転して元に戻ったときスピンの向きが変化する．この相対論的なスピンの歳差運動はトーマス歳差とよばれる．粒子の瞬間静止系の空間軸を実験室系にローレンツ変換 $\Lambda(\beta)$ を施すことによって得られる慣性座標系 S′(t) により定義するとき，微小な時間 δt だけ異なる時刻における2つの瞬間静止系のあいだのローレンツ変換 $\Lambda(\boldsymbol{\beta}+\delta\boldsymbol{\beta})\Lambda(\boldsymbol{\beta})^{-1}$ は，$\delta\boldsymbol{\beta}' = \gamma[\delta\boldsymbol{\beta}+(\gamma-1)(\hat{\boldsymbol{\beta}}\cdot\delta\boldsymbol{\beta})\hat{\boldsymbol{\beta}}]$ に対応するローレンツ変換 $\Lambda(\delta\boldsymbol{\beta}')$ と回転ベクトル $-(\gamma-1)\boldsymbol{v}\times\delta\boldsymbol{v}/v^2$ に対応する空間回転からなる[4]．したがって，時刻 $t+\delta t$ におけるスピンの向きが系 S′(t) からみて時刻 t における向きと同じとすると，系 S′($t+\delta t$) からみた向きは回転ベクトル $-(\gamma-1)\boldsymbol{\Omega}\delta t$ だけ歳差運動することになる．この効果が，トーマス歳差を生み出すと解釈できる．

これに対して，ローレンツ変換 $\Lambda(\beta)$ により磁場の速度に垂直な成分が $\boldsymbol{B}'^{\perp} = \gamma(\boldsymbol{B}^{\perp} - \boldsymbol{v}\times\boldsymbol{E}/c^2)$ と変換することおよび固有時に関する角振動数が $\gamma\omega$ であることを考慮すると，ω の式の第2項は粒子の静止系での磁場による磁気モーメントの歳差運動を表していることがわかる．この項は，実験室系で電場しか存在しない場合でも，スピンの歳差運動を引き起こす．

とくに, 水素原子の電子のようにクーロン場中を運動する荷電粒子に対しては, この効果はトーマス歳差と同程度の大きさとなる. 実際, 簡単のため円運動を仮定すると, スピンの歳差運動の角速度は $v/c \ll 1$ のとき,

$$\omega \simeq -(g-1)\frac{q}{2m_0 c}vE \tag{96}$$

となり, トーマス歳差は, 見かけ上 g 因子を 1 だけ減少させる効果をもつ. この現象は最初, 水素型原子（イオン）における軌道角運動量–スピン結合によるエネルギー準位の分離（微細構造）に対する効果としてトーマスにより指摘されたもので, 電子スピンの概念が確立されるうえで決定的な役割を演じた[5].

3.7 電磁波

微分形式に対するポアンカレの補題より, 式 (80b) は $F_{\mu\nu}$ が適当な共変ベクトル場 A_μ を用いて

$$F_{\mu\nu} = \partial_\mu A_\nu - \partial_\nu A_\mu \tag{97}$$

と表されることと同等である. この式は

$$(A_\mu) = (-\phi, c\boldsymbol{A}) \tag{98}$$

と置くと,

$$\boldsymbol{E} = -\nabla\phi - \partial_t \boldsymbol{A}, \quad \boldsymbol{B} = \nabla \times \boldsymbol{A} \tag{99}$$

と表される. したがって, A_μ は電場のポテンシャル ϕ と磁場に対するベクトルポテンシャル $\boldsymbol{A}$ を成分とする 4 元ベクトル場となっていて, 電磁ポテンシャルとよばれる. 電磁ポテンシャルの定義には, Λ を任意関数として

$$A_\mu \to A_\mu + \partial_\mu \Lambda \tag{100}$$

で表されるゲージ自由度が存在する. このゲージ自由度を, ゲージ条件

$$\partial_\mu A^\mu = 0 \tag{101}$$

3.7 電磁波

により部分的に取り除くと，残りのマクスウェル方程式 (80a) は，電磁ポテンシャルに対する波動方程式

$$\Box A_\mu = -\frac{1}{\epsilon_0} J_\mu \tag{102}$$

を与える．ここで，$\Box = \partial_\mu \partial^\mu$ はダランベール作用素である．

荷電粒子の存在しない真空領域における電磁場の振る舞いは，マクスウェル理論と同じである．とくに，式 (102) において $J^\mu = 0$ とおいた方程式に対する平面電磁波解は

$$A_\mu(x) = Re\left(a_\mu e^{ik\cdot x}\right); \quad k\cdot k = 0 \tag{103}$$

で与えられる．k^μ は 4 元波数ベクトルとよばれ，電磁波の角振動数 ω および 3 次元波数ベクトル $\boldsymbol{k}$ を用いて

$$(k^\mu) = (\omega/c, \boldsymbol{k}) \tag{104}$$

と表される．したがって，条件 $k\cdot k = 0$ は，分散関係式 $\omega = c|\boldsymbol{k}|$ を与える．これは，真空中における電磁波の伝播速度が c であることと同等である．

電磁ポテンシャルは 4 元ベクトルであるので，$k \cdot x$ はスカラー，したがって 4 元波数ベクトル k^μ はローレンツ変換に対して反変ベクトルとして変換する．たとえば，ローレンツ変換 (7) に対して，ω と $\boldsymbol{k}$ は

$$\omega' = \gamma(1 - \beta\cos\theta)\omega \tag{105a}$$

$$\boldsymbol{k}' = \boldsymbol{k} + \frac{\gamma^2}{1+\gamma}(\boldsymbol{\beta}\cdot\boldsymbol{k})\boldsymbol{\beta} - \gamma\frac{\omega}{c}\boldsymbol{\beta} \tag{105b}$$

と変換する．ここで，$\boldsymbol{\beta}\cdot\boldsymbol{k} = \beta|\boldsymbol{k}|\cos\theta$ である．これらのうち，第 1 式は電磁波に対する相対論的ドップラー効果を，また，第 2 式は光行差を表している．

3.8 スカラー場

素粒子論では,力を媒介する場として,電磁場のようなベクトル場以外にさまざまな場が登場する.そのなかでもっとも簡単なものは,スピンゼロの粒子に対応するスカラー場である.他の場と相互作用しない1成分の実数値スカラー場 Φ に対しては,その方程式の形はローレンツ不変性により強く制限される.とくに,座標について2階微分までしか含まず,かつ2階微分の項が Φ の1次式であることを要求すると, Φ の適当な再定義により,場の方程式はつねにつぎの形で表される.

$$\Box\Phi - U'(\Phi) = 0 \tag{106}$$

ここで, $U(\Phi)$ はスカラー場のポテンシャルとよばれる Φ の関数で, $U'(\Phi)$ はその1階導関数である.とくに,ポテンシャルが $U(\Phi) = m^2\Phi^2/2$ で与えられる場合は, Φ は質量 m の自由粒子と対応し,その方程式はクライン–ゴルドン方程式

$$\Box\Phi - m^2\Phi = 0 \tag{107}$$

で与えられる.スカラー場に対するエネルギー運動量テンソルを

$$T_{\mu\nu} = \partial_\mu\Phi\partial_\nu\Phi - \frac{1}{2}\eta_{\mu\nu}[(\partial\Phi)^2 + 2U(\Phi)] \tag{108}$$

により定義すると,場の方程式よりその保存則 $\partial_\nu T^{\mu\nu} = 0$ が得られる.

4章
ローレンツ群とスピノール

同次ローレンツ変換全体のつくる集合 $\mathcal{L}$ は，変換の結合に関して群をなす．この群はローレンツ群とよばれ，符号が $(+++-)$ となる計量に対する直行変換群の意味で $\mathrm{O}(3,1)$ と表す．また，同次固有ローレンツ変換の全体はその連結な部分群となり，固有ローレンツ群とよばれる．この群を以下では $\mathrm{SO}_+(3,1)$ と表記する．同様に，ポアンカレ変換，すなわち非同次ローレンツ変換全体 $\mathcal{P}$ のつくる群は，ポアンカレ群とよばれる．この群を $\mathrm{IO}(3,1)$，対応する固有ポアンカレ群は $\mathrm{ISO}_+(3,1)$ と表記する．

4.1 ローレンツ群の有限次元線形表現

相対性理論では，ベクトルやテンソルのように，ローレンツ変換により互いに混ざり合う物理量をひとまとめにして取り扱うと，物理法則の変換に対する不変性が簡明に表現される．このとき，各ローレンツ変換には物理量の組のつくる空間 $\mathcal{V}$ の変換が対応し，ローレンツ変換の結合には，$\mathcal{V}$ の変換の結合が対応する．このように，ある群 G の各要素 g にある空間 $\mathcal{V}$ の変換 $R(g)$ が対応し，この対応 R が積を保つとき，組 $\rho = (R, \mathcal{V})$ は群 G の空間 $\mathcal{V}$ への表現とよばれる．とくに，空間 $\mathcal{V}$ が線形空間で，R により対応する $\mathcal{V}$ の変換が線形変換となるとき，ρ は線形表現とよばれる．

線形表現は，表現空間が実線形空間のとき実線形表現，複素線形空間で対応する変換が複素線形変換のとき複素線形表現とよばれる．複素線形空

間は，つねに実線形空間とみなせるので，複素線形表現は実線形表現の特殊なものである．

群 G の 2 つの線形表現 $\rho_1 = (R_1, \mathcal{V}_1)$, $\rho_2 = (R_2, \mathcal{V}_2)$ に対して，$\mathcal{V}_1$ と $\mathcal{V}_2$ のあいだの線形同型写像 $F : \mathcal{V}_1 \to \mathcal{V}_2$ が存在して，任意の $g \in G$ に対して $R_2(g) = F R_1(g) F^{-1}$ が成り立つとき，2 つの表現 ρ_1, ρ_2 は同型であるという．同型な表現に従う異なる物理量の組は，数学的には，同じ変換性をもっているとみなされる．

群 G の線形表現 $\rho = (R, \mathcal{V})$ に対して，$\mathcal{V}$ のある線形部分空間 $\mathcal{W}$ が存在して，任意の $g \in G$ に対して，$R(g)\mathcal{W} \subset \mathcal{W}$ となるとき，$\mathcal{W}$ は ρ の不変部分空間とよばれる．とくに，$\mathcal{V}$ 全体およびゼロベクトルのみからなる集合 $\{0\}$ 以外に不変部分空間をもたない線形表現は既約，既約でない線形表現は可約であるという．既約線形表現は線形表現の最小単位であり，線形表現の分類や構成において基本的な役割を果たす．たとえば，2 階テンソル $T_{\mu\nu}$ はローレンツ群の 16 次元線形表現を与えるが，その対称部分 $T_{(\mu\nu)}$ および反対称部分 $T_{[\mu\nu]}$ のつくる部分空間はローレンツ変換で不変となるので，この表現は既約でない．これらの不変部分空間のうち，反対称部分のなす部分空間は実既約であるが，対称部分のなす部分空間は可約で，トレース T^μ_μ のつくる 1 次元部分空間およびトレースがゼロとなる線形結合 $T_{(\mu\nu)} - T^\lambda_\lambda \eta_{\mu\nu}/4$ のつくる 9 次元部分空間の 2 つの既約部分空間に分解される．とくに，2 階反対称テンソルは，(4 次元時空において) テンソルとして表されるローレンツ変換の唯一の 6 次元実既約表現であり，このことは電磁場が電磁テンソルにより表されることと密接に関連している．

恒等変換に近い変換を $\Lambda = 1 + \delta\Lambda$ と置くと，式 (25) より，無限小変換 $\delta\Lambda$ は $\delta\Lambda_{\mu\nu} = -\delta\Lambda_{\nu\mu}$ を満たす行列で与えられる．したがって，任意の無限小変換 $\delta\Lambda$ は 4 次の反対称行列 ϵ^{ab} を用いて，

$$\delta\Lambda = \epsilon^{ab} M_{ab} \tag{109}$$

と表される．ここで，$M_{ab}(a, b = 0, 1, 2, 3)$ は

$$(M_{ab})^\mu{}_\nu = \delta_a^\mu \eta_{b\nu} - \delta_b^\mu \eta_{a\nu} \tag{110}$$

で定義される行列で，つぎの交換関係を満たす．

$$[M_{ab}, M_{cd}] = \eta_{ad} M_{bc} + \eta_{bc} M_{ad} - \eta_{ac} M_{bd} - \eta_{bd} M_{ac} \tag{111}$$

無限小変換 $\delta\Lambda$ の全体がつくる 6 次元線形空間 so$(3,1)$ と，この交換関係により定義される双線形な交換子積 $[X,Y]$ の組はローレンツ群のリー代数とよばれ，ローレンツ群の単位元近傍の構造を完全に特徴づける．また，ローレンツ群の線形表現は，そのリー代数の線形表現，すなわち交換関係 (111) を保つリー代数とある線形空間の 1 次変換との対応により完全に決定され，その既約性は一致する [6]．

ローレンツ群のリー代数 so$(3,1)$ は実リー代数であるが，その複素線形表現は so$(3,1)$ の複素化，すなわち 4 次元複素直交群のリー代数 so$(4,\mathbb{C})$ の複素線形表現と 1 対 1 に対応し，その既約性は一致する [6]．一方，so$(4,\mathbb{C})$ は so$(3,\mathbb{C}) \oplus$ so$(3,\mathbb{C})$ と同型となる．実際，

$$M_j^\pm = \frac{1}{2}(M_j \pm iM_{0j}); \quad M_j = \frac{1}{2}\epsilon_{jkl} M^{kl} \tag{112}$$

と置くと，式 (111)

$$[M_j^\pm, M_k^\pm] = -\epsilon_{jkl} M_l^\pm, \quad [M_j^\pm, M_k^\mp] = 0 \tag{113}$$

と表される．このため，so$(3,1)$ の複素線形表現は，3 次元複素直交群のリー代数 so$(3,\mathbb{C})$，あるいはその実型である so(3) の線形表現から構成される．とくに，so(3) の既約複素表現が半整数 $j = 0, 1/2, 1, 3/2, \cdots$ の最高ウエイト（スピン）で分類されることに対応して，so$(3,1)$ の複素既約表現は，2 つの半整数の組 (j_1, j_2) で表される最高ウエイトで分類される [6]．

4.2 スピノール

固有ローレンツ群の有限次元複素既約表現のなかでもっとも基本的なものは，基本スピノール表現とよばれる最高ウエイトが $(1/2, 0)$ および $(0, 1/2)$

となる表現である．so(3) のスピン 1/2 表現を $\rho_{1/2}$, $[M_j, M_k] = \epsilon_{jkl} M_l$ に従う so(3) の基底を M_j とするとき，これらは対応

$$\rho_{1/2,0} : M_k^+ \to \rho_{1/2}(M_k), M_k^- \to 0 \tag{114}$$

$$\rho_{0,1/2} : M_k^+ \to 0, M_k^- \to \rho_{1/2}(M_k) \tag{115}$$

により定まる複素 2 次元表現である．σ_μ をパウリ行列 ($\sigma_0 = 1$) とすると，群 $SO_+(3,1)$ の $(1/2,0)$ 表現により $\Lambda \in SO_+(3,1)$ に対応する行列 $V = \rho_{1/2,0}(\Lambda)$ は，

$$V \sigma_\mu V^\dagger = \sigma_\nu \Lambda^\nu{}_\mu \tag{116}$$

の解で与えられる．また，$(0,1/2)$ 表現は同じ V を用いて，$\rho_{0,1/2}(\Lambda) = (V^\dagger)^{-1}$ で与えられる．

方程式 (116) は V に関して，つねに 2 つの解 $V, -V$ をもつ．したがって，この表現は 2 価表現となる．これは，SO(3) が単連結でなく基本群が $\mathbb{Z}_2$ と同型で，そのため SO(3) のスピノール表現

$$\rho_{1/2} : e^{\theta \boldsymbol{n} \cdot \boldsymbol{M}} \to e^{i\theta \boldsymbol{n} \cdot \boldsymbol{\sigma}} = \cos \frac{\theta}{2} + i \boldsymbol{n} \cdot \boldsymbol{\sigma} \sin \frac{\theta}{2}$$

が 2 価表現となることに起因する．この 2 価表現による $SO_+(3,1)$ の像は $SL(2, \mathbb{C})$ の全体と一致する．

基本スピノール表現 (114) および (115) に従って変換する 2 成分量は，それぞれ左巻きおよび右巻きワイルスピノールとよばれる．通常，左巻き ($(1/2,0)$ 型) スピノールは上付き添え字を用いて $\xi^A (A = 0,1)$，右巻き ($(0,1/2)$ 型) スピノールは付点付き下付き添え字を用いて $\eta_{\dot{B}} (B = 0,1)$ と表記され，その変換は上記の $V \in SL(2, \mathbb{C})$ を用いて

$$\xi'^A = V^A{}_B \xi^B, \quad \eta_{\dot{B}} = \eta_{\dot{B}'} (\bar{V}^{-1})^{\dot{B}'}{}_{\dot{B}} \tag{117}$$

で与えられる．$\epsilon = (\epsilon_{AB})$ を 2 次元のレヴィ–チヴィタテンソルとすると，$SL(2,\mathbb{C}) \ni V$ に対して一般に

$$\epsilon V \epsilon^{-1} = {}^t V^{-1} \quad \Leftrightarrow \quad \epsilon_{AB} V^A{}_C V^B{}_D = \epsilon_{CD} \tag{118}$$

が成り立つので, V による変換は ϵ_{AB} および $\epsilon^{AB} = \epsilon_{AB}$ を不変に保つ. ここで ${}^tV$ は V の転置行列を表す. そこで,

$$\xi_A = \xi^B \epsilon_{BA}, \quad \eta^{\dot{A}} = \epsilon^{\dot{A}\dot{B}} \eta_{\dot{B}} \tag{119}$$

と ϵ により添え字の上げ下げをすることにすると, 上付き添え字表示で右巻きワイルスピノールの変換則は

$$\eta'^{\dot{A}} = \bar{V}^{\dot{A}}{}_{\dot{B}} \eta^{\dot{B}} \tag{120}$$

と表される.

ベクトルからテンソルをつくる操作と同様に, これらのスピノールのテンソル積をつくることにより, $\mathrm{SO}_+(3,1)$ の一般的な線形表現を構成することができる. とくに, $2j_1$ 個の無点添え字と $2j_2$ 個の付点添え字をもち, それぞれの添え字について対称な $2(j_1 + j_2)$ 階スピノール $\chi^{A_1 \cdots A_{2j_1} \dot{B}_1 \cdots \dot{B}_{2j_2}}$ の全体は, $\mathrm{SO}_+(3,1)$ の (j_1, j_2) 型既約表現を与える. この表現は, $j_1 + j_2$ が整数のときには1価となり, 適当なテンソルの既約成分から得られる表現と同値となる. たとえば, $(1/2, 1/2)$ 表現はベクトル表現と一致し, 両者の対応は

$$u^\mu \to u^{A\dot{B}} = u^\mu (\sigma_\mu)^{A\dot{B}} \tag{121}$$

で与えられる.

4.3 ディラックスピノール

$\Lambda \in \mathrm{O}(3,1)$ に対して $(\Lambda^0{}_0)^2 = 1 + \sum_j (\Lambda^0{}_j)^2 \geq 1$ が成り立つので, ローレンツ群 $\mathcal{L} = \mathrm{O}(3,1)$ は, $\Lambda^0{}_0$ と $\det \Lambda$ の符号に応じて, 4つの弧状連結な部分集合

$$\mathcal{L}^+_\uparrow = \{ \Lambda \in \mathcal{L} \mid \det \Lambda = 1, \Lambda^0{}_0 \geq 1 \}$$

$$\mathcal{L}^-_\uparrow = \{ \Lambda \in \mathcal{L} \mid \det \Lambda = -1, \Lambda^0{}_0 \geq 1 \}$$

$$\mathcal{L}^+_\downarrow = \{ \Lambda \in \mathcal{L} \mid \det \Lambda = 1, \Lambda^0{}_0 \leq -1 \}$$

$$\mathcal{L}_{\downarrow}^{-} = \{\Lambda \in \mathcal{L} \mid \det\Lambda = -1, \Lambda^{0}{}_{0} \leq -1\}$$

に分解される．とくに，単位元を含む成分 $\mathcal{L}_0 = \mathcal{L}_{\uparrow}^{+}$ は固有ローレンツ群 $\mathrm{SO}_{+}(3,1)$ と一致する．パリティ変換および時間反転に対応するローレンツ変換を

$$\Lambda_P = \begin{pmatrix} 1 & 0 & 0 & 0 \\ 0 & -1 & 0 & 0 \\ 0 & 0 & -1 & 0 \\ 0 & 0 & 0 & -1 \end{pmatrix} \tag{122}$$

$$\Lambda_T = \begin{pmatrix} -1 & 0 & 0 & 0 \\ 0 & 1 & 0 & 0 \\ 0 & 0 & 1 & 0 \\ 0 & 0 & 0 & 1 \end{pmatrix} \tag{123}$$

とすると，$\{1, \Lambda_P, \Lambda_T, \Lambda_P\Lambda_T\}$ はローレンツ群の離散部分群となり，全ローレンツ群はこの離散部分群と固有ローレンツ群の積となる．

$$\mathrm{O}(3,1) = \{1, \Lambda_P, \Lambda_T, \Lambda_P\Lambda_T\} \cdot \mathrm{SO}_{+}(3,1);$$

$$\mathcal{L}_{\downarrow}^{+} = \Lambda_T \mathcal{L}_0, \ \mathcal{L}_{\uparrow}^{-} = \Lambda_P \mathcal{L}_0, \ \mathcal{L}_{\downarrow}^{-} = \Lambda_P \Lambda_T \mathcal{L}_0$$

ローレンツ群のリー代数の線形表現は，その単位元を含む極大連結部分群 $\mathrm{SO}_{+}(3,1)$ の線形表現を定めるが，一般にはそれをローレンツ群 $\mathrm{O}(3,1)$ 全体の表現に拡大するには，表現空間を拡張することが必要となる．また，この拡大は一意的でもない．とくに，左巻きないし右巻きスピノールのいずれかのみでは $\mathrm{O}(3,1)$ の表現を構成することができない．しかし，2つの型のワイルスピノールの組 (ξ^A, η_B) に対応する4次元空間には $\mathrm{O}(3,1)$ を既約に表現することが可能である．このワイルスピノールの組はディラックスピノールとよばれる．

この表現の構成には，ワイル表示で

4.3 ディラックスピノール

$$\gamma^0 = \begin{pmatrix} 0 & -I_2 \\ -I_2 & 0 \end{pmatrix}, \ \gamma^j = \begin{pmatrix} 0 & \sigma^j \\ -\sigma^j & 0 \end{pmatrix} \tag{124}$$

と表される4個の4次正方行列 γ^μ を用いるのが便利である．これら γ 行列は関係式

$$\gamma^\mu \gamma^\nu + \gamma^\nu \gamma^\mu = -2\eta^{\mu\nu} \tag{125}$$

を満たし，$\Lambda \in \mathrm{SO}_+(3,1)$ に対するディラックスピノールの変換行列

$$S(\Lambda) = \begin{pmatrix} V & 0 \\ 0 & (V^\dagger)^{-1} \end{pmatrix} \tag{126}$$

は

$$\Lambda^\mu{}_\nu \gamma^\nu = S^{-1} \gamma^\mu S \tag{127}$$

を満たす．とくに，無限小変換 M_{ab} の表現は

$$M_{ab} \to -\frac{1}{4}[\gamma_a, \gamma_b] \tag{128}$$

で与えられる．この表現を $\mathrm{O}(3,1)$ 全体に拡張する方法は一意的でないが，通常，Λ_P および Λ_T がつぎのような γ 行列で表される表現が用いられる．

$$\Lambda_P \to \pm i\gamma^0, \quad \Lambda_T \to \pm \gamma^1 \gamma^2 \gamma^3 \tag{129}$$

以上では，ワイル表示を用いて表現を構成したが，結果がすべて γ 行列のみで表現され，式 (125) が相似変換で不変なので，表現空間の基底を変更しても，以上の表式はそのまま成り立つ．この一般の表示では，ワイルスピノールの左巻きおよび右巻き成分は，射影行列

$$\mathcal{P}_\pm = \frac{1}{2}(1 \pm \gamma_5) \tag{130}$$

により得られる．ここで，

$$\gamma_5 = i\gamma^0 \gamma^1 \gamma^2 \gamma^3 \tag{131}$$

である．

4.4 ディラック方程式

テンソル場と同様に,時空の各点ごとにスピノールを対応させた場はスピノール場とよばれる.スピノール場の中でもっとも基本的なものは,左巻きおよび右巻きのワイルスピノール場,あるいはそれらの組であるディラックスピノール場である.たとえば,ディラックスピノール場 $\psi(x)$ は,非同次ローレンツ変換 $x'^\mu = \Lambda^\mu{}_\nu x^\nu + a^\mu$ に対して,

$$\psi'(x') = S(\Lambda)\psi(x) \qquad (132)$$

と変換する.

これらの基本スピノール場に対しては,スカラー場と異なり,ローレンツ不変な1階の微分方程式が存在する.他の場との相互作用がなく,方程式が線形であることを仮定すると,ディラックスピノール場に対する1階の微分方程式は,ローレンツ不変性によりつぎの形に決まってしまう.

$$(i\gamma^\mu \partial_\mu - m)\psi = 0 \qquad (133)$$

ここで,m は質量を表す定数である.この方程式は,ディラック方程式とよばれる.この方程式に $(-i\gamma^\mu \partial_\mu - m)$ を作用させると,式(125)よりクライン–ゴルドン方程式

$$(\Box - m^2)\psi = 0 \qquad (134)$$

を得る.したがって,式(133)は波動方程式であることがわかる.ディラックスピノールを $\psi = \begin{pmatrix} \xi^A \\ \eta_{\dot{A}} \end{pmatrix}$ と右巻きワイルスピノール $\xi = (\xi^A)$ と左巻きワイルスピノール $\eta = (\eta_{\dot{A}})$ に分解すると,ディラック方程式は

$$-i(\partial_t + \boldsymbol{\sigma} \cdot \nabla)\xi = m\eta, \qquad (135\text{a})$$

$$-i(\partial_t - \boldsymbol{\sigma} \cdot \nabla)\eta = m\xi \qquad (135\text{b})$$

と表される.これより,一般に質量 $m \neq 0$ のとき,右巻きスピノールと左

4.4 ディラック方程式

巻きスピノールは時間と共に混合することがわかる．

左巻きスピノール $\eta_{\dot{A}}$ に対し，$\epsilon^{AB}\eta_B$ の複素共役が右巻きスピノールとして変換することを利用すると，上のディラック方程式から左巻きスピノールのみを用いて $m \neq 0$ の理論をつくることができる．たとえば，$\xi^A = \epsilon^{AB}\overline{\eta_B}$ という関係を満たすディラックスピノールに限定すると，左巻きスピノール $\eta_{\dot{A}}$ に対する閉じた方程式が得られる．この制限を満たすスピノールはマヨラナスピノールとよばれる．ただし，この理論では，粒子と反粒子の区別がなくなるため，光子と同様，粒子数が保存しなくなる．

5章
曲がった時空の幾何学

一般相対性理論では，重力を時空の幾何学的構造として記述する．この節では，そのために必要となる微分幾何学の基礎知識を概観する．

5.1 多様体

3次元ユークリッド空間内の球面は，位相的に自明でない2次元曲面であるが，各点の近傍は円盤と同相である．したがって，2次元球面は2次元の円盤を適当に張り合わせたものとみることができる．この考え方を一般化したのが多様体である．まず，ある非負の整数nに対して，(ハウスドルフ性をもつ) 位相空間$\mathcal{M}$の各点pが$\mathbb{R}^n$の開集合と同相な開近傍$\mathcal{U}(p)$をもつとき，Mをn次元位相多様体という．また，開近傍$\mathcal{U}$から$\mathbb{R}^n$の中への同相写像を$\psi = (x^\mu)$として，x^μを局所座標系，対$(\mathcal{U}, \psi)$を座標近傍，$\mathcal{M}$の開被覆となる座標近傍の族$\{(\mathcal{U}_I, \psi_I)\}$を$\mathcal{M}$の座標近傍系という．

位相多様体は，$\mathbb{R}^n$の開集合を連続な対応により張り合わせたものである．このため，多様体上の関数がある局所座標系に関して微分可能でも，他の局所座標に関しては微分可能とはかぎらない．したがって，位相多様体に滑らかさの概念を導入するには，張り合わせ方を滑らかなものに制限する必要がある．そこで，$\mathcal{U}_I \cap \mathcal{U}_J \neq \emptyset$となる2つの座標近傍$(\mathcal{U}_I, \psi_I)$, $(\mathcal{U}_J, \psi_J)$に対して，$\mathbb{R}^n$の開集合の間の写像$\psi_J \circ \psi_I^{-1}$がつねにC^r級(すなわち，r回連続微分可能)となるような座標近傍系$S = \{\mathcal{U}_I, \psi_I\}$が存在するとき，

対 $(\mathcal{M}, S)$ を n 次元 C^r 級微分可能多様体と定義する．また，極大な C^r 級座標近傍系のことを C^r 級微分構造とよぶ．とくに，C^∞ 級多様体は滑らかな多様体，さらに張り合わせが実解析的である多様体は C^ω 級多様体ないし実解析的多様体とよばれる．微分構造が与えられると，局所座標系を用いて $\mathcal{M}$ 上の関数を $\mathbb{R}^n$ の開集合上の関数とみなすことにより，その微分可能性を定義することができる．

微分構造の定義において，同型すなわち位相多様体 $\mathcal{M}$ の同相変換により互いに移り合う微分構造は，実質的に同じものとみなすのが自然である．この同型の意味では，次元が3以下の位相多様体は，つねに唯一の微分構造をもつ[8]．しかし，4次元以上では状況が異なり，位相多様体は必ずしも微分構造をもつとはかぎらない[7]．また，微分構造をもつ場合には，一般に無限個の異なる微分構造をもつ．すなわち，2つの C^1 級座標近傍系に対し，相互の張り合わせは一般に微分不可能となる．たとえば $\mathbb{R}^4$ でさえ連続無限個の互いに同型でない微分構造をもつ[7]．したがって，微分可能多様体の定義において，座標近傍系を指定することは大切である．これに対して，微分構造の滑らかさの違いはあまり重要でない．実際，$\mathcal{M}$ が局所有限な開被覆をもつ場合には，C^1 級微分構造が与えられたとき，それに含まれる C^r 級微分構造 $(r > 1)$ がつねに存在し，同型の意味で一意的であることが知られている[9]．以下，とくに断らないかぎり，多様体には C^∞ 級の微分構造が1つ与えられているとする．

5.2 ベクトルと1形式

n 次元多様体 $\mathcal{M}$ を $\mathbb{R}^n$ の開集合の張り合わせとみなす立場からは，$\mathcal{M}$ 上の点 p におけるベクトル V を，各座標近傍 $(\mathcal{U}_p, \psi)$ に付随した $\mathbb{R}^n$ の開集合 $\psi(\mathcal{U}_p)$ において $\psi(p)$ を始点とするベクトル (V^μ) として定義するのが自然である．V^μ は V の局所座標系 $\psi(x^\mu)$ での成分とよばれる．この定義が張り合わせと整合的であるためには，局所座標系の取り替え $x'^\mu = x'^\mu(x)$

5.2 ベクトルと1形式

に対して，それぞれの局所座標系での成分が

$$V'^\mu = \left(\frac{\partial x'^\mu}{\partial x^\nu}\right)_p V^\nu \tag{136}$$

により対応することが必要である．これは，ミンコフスキー時空でのベクトルに対する変換則の一般化となっている．このようにして定義された抽象的なベクトルは，点 p での $\mathcal{M}$ の接ベクトルとよばれる．接ベクトルの全体は明らかに n 次元線形空間をつくる．この線形空間は，$\mathcal{M}$ の点 p における接空間とよばれ，$T_p M$ あるいは単に T_p と表す．

点 p での接ベクトル V と p の近傍で定義された関数 f が与えられると，各局所座標系において f の V 方向の微係数

$$\partial_V f = V^\mu (\partial_\mu f)_p \tag{137}$$

が決まる．V の座標成分の変換則よりこの量は局所座標系のとり方によらないので，それにより，$\mathcal{M}$ 上での f の V 方向微係数を定義することができる．このようにして定義された V と微分作用素 ∂_V の対応は明らかに線形かつ1対1で，さらに ∂_V の関数の積に対する作用はライプニッツの規則を満たす．

$$\partial_V(fg) = (\partial_V f)g(p) + f(p)\partial_V g \tag{138}$$

逆に，この形のライプニッツ規則を満たす微分作用素は，つねに適当な $V \in T_p$ により ∂_V と表されることが示される．したがって，$\mathcal{M}$ の点 p のおける接ベクトルを式 (138) を満たす微分作用素として定義することもできる．数学では，しばしばこの抽象的な定義が用いられる．

点 p の接空間 T_p に対して，その双対空間，すなわちベクトル空間 T_p 上の線形関数の集合 T_p^* は余接空間，その元は双対ベクトルとよばれる．$\omega \in T_p^*$ が与えられたとき，線形性より，各局所座標系 x^μ ごとに n 成分の量 ω_μ が定まり，任意の接ベクトル $V \in T_p$ に対して

$$\omega(V) = \omega_\mu V^\mu \tag{139}$$

が成り立つ．$\omega(V)$ は局所座標系のとり方によらないので，この式は ω_μ が

座標変換に対して
$$\omega'_\mu = \left(\frac{\partial x^\nu}{\partial x'^\mu}\right)_p \omega_\nu \tag{140}$$
と変換することを意味している．双対ベクトルは共変ベクトル，接ベクトルは反変ベクトルともよばれる．

各点 p にベクトル V_p や双対ベクトル ω_p を対応させれば，$\mathcal{M}$ 上のベクトル場 V や双対ベクトル場 ω が構成される．双対ベクトル場はしばしば1形式ともよばれる．V や ω の分布の連続性と微分可能性は，関数の場合と同様，各局所座標系での成分の連続性，微分可能性により定義する．ただし，ベクトル場や双対ベクトル場の分布が C^r 級であることを定義するには，少なくとも多様体に C^{r+1} 級の微分構造が定義されていることが必要となる．

各局所座標系 x^μ では，明らかにその座標系での成分が $(1,0,0,\cdots,0)$, $(0,1,0,\cdots,0)$, $\cdots$, $(0,\cdots,0,1)$ で与えられる n 個のベクトル場が自然な基底となる．この局所座標系ごと定まるベクトル場の基底は座標基底とよばれ，$\partial_0,\cdots,\partial_{n-1}$，あるいはまとめて ∂_μ と表される．上記のベクトルと微分作用素の対応から明らかなように，ベクトル場 V は勝手な局所座標系 x^μ における成分 $V^\mu(x)$ と，対応する座標基底 ∂_μ を用いて
$$V = V^\mu(x)\partial_\mu \Leftrightarrow V_p = V^\mu(x(p))(\partial_\mu)_p \tag{141}$$
と表される．

接ベクトル（場）の座標基底 $\partial_0,\cdots,\partial_{n-1}$ に対して，
$$dx^\mu(\partial_\nu) = \delta^\mu_\nu \tag{142}$$
により定義される双対ベクトル（場）の基底 $dx^0,\cdots,dx^{n-1}$ も座標基底とよばれる．任意の1形式 ω は，座標基底と対応する成分を用いて
$$\omega = \omega_\mu(x)dx^\mu \Leftrightarrow \omega_p = \omega_\mu(x(p))(dx^\mu)_p \tag{143}$$
と表される．

ベクトル（場）や双対ベクトル（場）の基底としては，座標系に依存し

ない，より一般の基底がしばしば用いられる．すなわち，$e_0,\cdots,e_{n-1}$ を各点で1次独立なベクトル場とすると，任意のベクトル場 V は n 個の関数 $V^0(x),\cdots,V^{n-1}(x)$ を用いて，

$$V = V^a(x)e_a \tag{144}$$

と一意的に表される．ここで，添え字 a は座標系の添え字と同じ範囲を動く．V^a は基底 e_a に関する V の成分とよばれる．同様に，θ^a を各点で1次独立な1形式とすると，任意の1形式 ω は，成分 $\omega_a(x)$ を用いて

$$\omega = \omega_a(x)\theta^a \tag{145}$$

と表される．これらベクトル場の基底 e_a と1形式の基底 θ^a が

$$\theta^a(e_b) = \delta^a_b \tag{146}$$

の関係を満たすとき，互いに双対であるという．

5.3 テンソル

ベクトルと双対ベクトルが定義されると，ミンコフスキー時空の場合と同じ方法で，一般のテンソルを定義することができる．ここでは，抽象的な線形空間のテンソル積を用いてテンソルを定義する．

2つの線形空間 $\boldsymbol{V}, \boldsymbol{W}$ に対して，その積空間 $\boldsymbol{V} \times \boldsymbol{W}$ の有限個の元からつくられる線形結合の全体のなす（無限次元）線形空間に，つぎの式により同値関係 $\sim$ を定義する．

$$(a_1v_1 + a_2v_2, w) \sim a_1(v_1, w) + a_2(v_2, w)$$
$$(v, b_1w_1 + b_2w_2) \sim b_1(v, w_1) + b_2(v, w_2)$$

ここで，a_i, b_i は任意の数，v, v_i と w, w_i はそれぞれ $\boldsymbol{V}$ と $\boldsymbol{W}$ の任意のベクトルである．このとき，この同値関係による同値類の集合には，再び線形空間としての構造が自然に定義される．このようにして定義される線形空

間を V と W のテンソル積とよび, $V \otimes W$ と表記する. また, (v, w) を含む同値類に対応する元を $v \otimes w$ と記す. この表記のもとで, 定義より

$$(a_1 v_1 + a_2 v_2) \otimes w = a_1 (v_1 \otimes w) + a_2 (v_2 \otimes w)$$

$$v \otimes (b_1 w_1 + b_2 w_2) = b_1 (v \otimes w_1) + b_2 (v \otimes w_2)$$

が成り立つ. V の基底を e_I, W の基底を f_J とすると, $e_I \otimes f_J$ の全体が $V \otimes W$ の基底となる. とくに, V の次元 p と W の次元 q がともに有限のとき, $V \otimes W$ の次元は pq となる.

このテンソル積を用いて, $\mathcal{M}$ の点 p における (r, s) 型テンソルの空間を

$$(T^r_s)_p = \overbrace{T_p \otimes \cdots \otimes T_p}^{r} \overbrace{T_p^* \otimes \cdots \otimes T_p^*}^{s} \tag{147}$$

により定義し, その元を点 p における (r, s) 型テンソル, ないし r 階反変 s 階共変テンソルとよぶ. 各点にその点の (r, s) 型テンソルを対応させたものは (r, s) 型テンソル場となる. e_a をベクトル場の基底, θ^a を双対ベクトル場の基底とするとき, $e_{a_1} \otimes \cdots \otimes e_{a_r} \otimes \theta^{b_1} \otimes \cdots \otimes \theta^{b_s}$ が (r, s) 型テンソル場の基底を与え, 任意の (r, s) 型テンソル場 T はこの基底を用いて

$$T = T^{a_1 \cdots a_r}_{b_1 \cdots b_s} e_{a_1} \otimes \cdots \otimes e_{a_r} \otimes \theta^{b_1} \otimes \cdots \otimes \theta^{b_s} \tag{148}$$

と展開される. 展開係数 $T^{a_1 \cdots a_r}_{b_1 \cdots b_s}$ はこの基底に関する成分とよばれる. とくに, 基底として座標基底 ∂_μ, dx^μ をとったとき, この展開は

$$T = T^{\mu_1 \cdots \mu_r}_{\nu_1 \cdots \nu_s}(x) \partial_{\mu_1} \otimes \cdots \otimes \partial_{\mu_r} \otimes dx^{\nu_1} \otimes \cdots \otimes dx^{\nu_s} \tag{149}$$

となり, 展開係数 $T^{\mu_1 \cdots \mu_r}_{\nu_1 \cdots \nu_s}$ は T の座標成分とよばれる. 座標基底の変換則より, 局所座標系の取り替えに対して, 座標成分は

$$T'^{\mu \cdots}_{\nu \cdots}(x'(p)) = \left(\frac{\partial x'^\mu}{\partial x^\alpha}\right)_p \cdots \left(\frac{\partial x^\beta}{\partial x'^\nu}\right)_p \cdots \\ \times T^{\alpha \cdots}_{\beta \cdots}(x(p)) \tag{150}$$

と変換する. テンソル場の連続性や微分可能性は, ベクトル場や双対ベクトル場と同様に, その座標成分の連続性, 微分可能性により定義される.

特殊相対性理論におけるテンソルと同様,一対の共変添え字と反変添え字について和をとることにより,(r,s) 型テンソル $(r,s \geq 1)$ から $(r-1, s-1)$ 型テンソルをつくる縮約という操作が定義できる.

5.4 写像と変換

微分幾何学では,多様体の異なる領域や異なる多様体上で定義されたテンソル(場)を比較することが必要となる.その際に基礎となるのが,テンソルの写像による像や逆像の概念である.

F を n 次元多様体 $\mathcal{M}$ から m 次元多様体 $\mathcal{N}$ への写像とする.F の連続性や微分可能は,それぞれの多様体の局所座標系を用いて F を $\mathbb{R}^n$ の開集合から $\mathbb{R}^m$ への写像として表したときの連続性,微分可能性により定義する.以下,とくに断らないかぎり F はこの意味で C^∞ 級であるとする.

$\mathcal{N}$ 上の関数 ϕ に対して,ϕ と F との結合 $\phi \circ F$ は $\mathcal{M}$ 上の関数となる.この関数を関数 ϕ の F による引き戻しとよび,$F^*\phi$ と記す.

$$(F^*\phi)(p) = \phi(F(p)) \tag{151}$$

このとき,$\mathcal{M}$ 上の点 p における接ベクトル X に対応する微分作用素を $F^*\phi$ に作用させると,$\mathcal{N}$ 上の点 $F(p)$ における関数 ϕ への微分作用が定義される.この微分作用素に対応する点 $F(p)$ における $\mathcal{N}$ の接ベクトルを X の F による順像とよび,F_*X と表す.

$$\partial_{F_*X}\phi = \partial_X(F^*\phi) \tag{152}$$

X が $\mathcal{M}$ 上の曲線 γ の点 p における接ベクトルであるとき,F_*X は γ の F による像の点 $F(p)$ における接ベクトルとなる.また,p の局所座標系を x^μ,$F(p)$ の局所座標系を y^ν,$y^\nu(F(p)) = y^\nu(x(p))$ と置くとき,

$$(F_*X)^\nu_{F(p)} = \left(\frac{\partial y^\nu}{\partial x^\mu}\right)_p X^\mu_p \tag{153}$$

が成り立つ.すなわち,形式的には座標変換則と同じ式が成り立つ.

ベクトルの順像は，$T_p\mathcal{M}$ から $T_{F(p)}\mathcal{N}$ への線形写像 F_* を定める．したがって，その双対写像として，$T^*_{F(p)}\mathcal{N}$ から $T^*_p\mathcal{M}$ への線形写像が定まる．この線形写像による双対ベクトル（場）ω の像を，F による引き戻しとよび，$F^*\omega$ と表す．双対ベクトル場の引き戻しは，テンソル積を通して任意の共変テンソル場に拡張される．しかし，一般の F に対して，ベクトル（場）の引き戻しや双対ベクトル（場）の順像は定義できない．例外は，$\mathcal{M}$ と $\mathcal{N}$ が同じ次元をもち，F が滑らかな逆写像をもつ場合で，この場合には，F^{-1} による順像と引き戻しをそれぞれ F による引き戻し，順像と定義することができ，順像，引き戻しの概念を任意のテンソル（場）に対して拡張することができる．局所座標系における成分表示では，これらの対応は，上で示したベクトル場の場合と同様，テンソル（場）の座標変換と同じ式で表される．

5.5 リー微分

多様体上では，目的に応じてさまざまな微分作用素が用いられるが，とくにベクトル場 V に沿った関数 f の微分 $\partial_V f$ をテンソル場に拡張した微分作用素 D_V としては，通常，つぎの性質をもつものを考える．

① 関数 f に対して，$D_V f = \partial_V f$．
② D_V はテンソル場の型を保つ線形作用素である．
③ D_V のテンソル積に対する作用はライプニッツ規則を満たす．

$$(D_V(R \otimes S))_p = (D_V R)_p \otimes S_p + R_p \otimes (D_V S)_p$$

④ D_V は縮約と可換である．

テンソル場の座標基底による展開 (149) を用いると，性質①〜③より，D_V の任意のテンソル場に対する作用は，ベクトル場と双対ベクトル場への作用で決定されることがわかる．さらに，性質④より双対ベクトル場に対する作用はベクトル場に対する作用により一意的に決まる．したがって，

5.5 リー微分

上記の性質をもつ微分作用素は，ベクトル場に対する作用を決めれば完全に決定される．

このタイプの微分作用素のなかでもっとも基本的なものはリー微分 $\mathcal{L}_V$ である．まず，2つのベクトル場 X, Y に対して，交換子 $[X, Y]$ を，関数に対する微分作用素

$$\partial_{[X,Y]} = \partial_X \partial_Y - \partial_Y \partial_X \tag{154}$$

に対応するベクトル場として定義する．この定義は，座標成分では

$$[X, Y]^\mu = X^\nu \partial_\nu Y^\mu - Y^\nu \partial_\nu X^\mu \tag{155}$$

と表される．交換子は，つぎのヤコビ恒等式を満たす．

$$[X, [Y, Z]] + [Y, [Z, X]] + [Z, [X, Y]] = 0 \tag{156}$$

この交換子を用いて，ベクトル場 V に沿った微分作用 $\mathcal{L}_V$ のベクトル場 X に対する作用を

$$\mathcal{L}_V X = [V, X] \tag{157}$$

により定義する．この作用素は線形で，f を関数として $f \otimes X = fX$ に対してライプニッツ規則を満たすことが直接確かめられる．したがって，上で述べたことにより，$D_V = \mathcal{L}_V$ が上記の①〜④の性質を満たすということを要求すると，$\mathcal{L}_V$ の作用は任意のテンソル場に対して一意的に拡張される．たとえば，1形式 $\omega = \omega_\mu dx^\mu$ のリー微分は

$$(\mathcal{L}_V \omega)_\mu = V^\nu \partial_\nu \omega_\mu + \omega_\nu \partial_\mu V^\nu \tag{158}$$

となる．同様にして，ヤコビ恒等式より，微分作用素として，つぎの関係式が成り立つことが示される．

$$\mathcal{L}_{[X,Y]} = [\mathcal{L}_X, \mathcal{L}_Y] \equiv \mathcal{L}_X \mathcal{L}_Y - \mathcal{L}_X \mathcal{L}_Y \tag{159}$$

リー微分は，つぎのような幾何学的意味をもつ．まず，開集合 $\mathcal{U}$ を定義域とし，パラメータ $t\,(-\epsilon < t < \epsilon)$ に依存した変換の族 Φ_t で，$\Phi_t \circ \Phi_s = \Phi_{t+s}$，$\Phi_0 = \mathrm{id}_{\mathcal{U}}$ を満たすものが与えられたとする．ただし，最初の条件は，変換

の結合 $\Phi_t(\Phi_s(p))$ が意味をもつ点 $p \in \mathcal{U}$ に対してのみ要求する．このとき，p を固定して t を変化させることにより $\Phi_t(p)$ から得られる曲線の接ベクトルは p のとり方によらず，$\mathcal{U}$ 上のベクトル場 V を定める．$|t|$ が小さいとき，

$$x^\mu(\Phi_t(p)) - x^\mu(p) = V_p^\mu t + (t^2) \tag{160}$$

が成り立つので，最初の変換の族は 1 径数局所変換群，ベクトル場 V はその無限小変換とよばれる．逆に，任意のベクトル場 V に対して，それを無限小変換とする 1 径数局所変換群が各点の近傍で存在することが示される．たとえば，$X_p \neq 0$ となる点 p の近傍では，局所座標系 x^μ を x^0 が V に接する曲線のパラメータ，x^i がその曲線に沿って一定となるようにとれば，x^0 の並進 $x^0 \to x^0 + t$ に対応する変換が Φ_t を与える．以上の準備のもとに，点 p の近傍におけるベクトル場 V の 1 径数局所変換群を Φ_t とするとき，テンソル場 T の V に沿うリー微分 $\mathcal{L}_V T$ はつぎのように表される．

$$(\mathcal{L}_V T)_p = \lim_{t \to 0} \frac{(\Phi_t^* T)_p - T_p}{t} \tag{161}$$

ここで，$\Phi_t^* T$ は T の Φ_t による引き戻しである．とくに，Φ_t が x^0 の並進として表される局所座標系では，リー微分は x_0 に関する座標微分 ∂_0 と一致する．

5.6 微 分 形 式

テンソル（場）の成分がある特定の 2 つの添え字の入れ替えに対して，対称ないし反対称という性質は変換 (150) で保たれる．したがって，これらの性質は局所座標系のとり方に依存しないテンソル（場）の性質とみなされる．このようなテンソル場の中で，完全反対称テンソル場，すなわち任意の 2 つの添え字について反対称な共変テンソル場は，数学や物理学のさまざまな分野で重要な役割を果たす．このタイプのテンソル場は，しばしば微分形式とよばれる．とくに，r 階共変反対称テンソル場は r 次微分形式あるいは単に r 形式とよばれる．通常，関数は 0 形式とみなされる．ま

た，1形式は双対ベクトル場と一致する．以下，r 形式全体のつくる線形空間を $\boldsymbol{A}^r$ と表記する．n 次元多様体 $\mathcal{M}$ に対しては，$(n+1)$ 次以上の完全反対称テンソルはゼロとなるので，$r > n$ に対して $\boldsymbol{A}^r = 0$ である．

微分形式のテンソル積は，一般に反対称テンソルとならないので微分形式とはならない．そこで，一般に p 形式 ω を

$$\omega(X_1, \cdots, X_p) = \omega_{\mu_1 \cdots \mu_p} X_1^{\mu_1} \cdots X_p^{\mu_p} \tag{162}$$

によりベクトル場上の p 重線形反対称形式と同一視し，r 形式 α と s 形式 β に対して，

$$(\alpha \wedge \beta)(X_1, \cdots, X_{r+s}) = \sum_\sigma \frac{\mathrm{sign}(\sigma)}{r!s!} \alpha(X_{\sigma(1)},$$
$$\cdots, X_{\sigma(r)}) \beta(X_{\sigma(r+1)}, \cdots, X_{\sigma(r+s)}) \tag{163}$$

により $(r+s)$ 形式 $\alpha \wedge \beta$ を定義し，α と β の外積とよぶ．ここで，σ は数列 $1, 2, \cdots, (r+s)$ の置換で，和はすべての置換についてとる．また，$\mathrm{sign}(\sigma)$ は σ が偶置換のとき $+1$，奇置換のとき -1 により定義される置換の符号である．外積はつぎの性質をもつ．

① $(f\alpha + g\beta) \wedge \gamma = f\alpha \wedge \gamma + g\beta \wedge \gamma$
② $\alpha \wedge \beta = (-1)^{rs} \beta \wedge \alpha \ (\alpha \in \boldsymbol{A}^r, \beta \in \boldsymbol{A}^s)$
③ $(\alpha \wedge \beta) \wedge \gamma = \alpha \wedge (\beta \wedge \gamma)$

ここで，f, g は任意関数，α, β, γ は微分形式である．

e_a をベクトル場の基底，θ^a をその双対基底とするとき，

$$r! \theta^{[a_1} \otimes \cdots \otimes \theta^{a_r]} = \theta^{a_1} \wedge \cdots \wedge \theta^{a_r} \tag{164}$$

が成り立つ．ここで，$[\cdots]$ は添え字についての反対称化である．したがって，r 形式 ω のこの基底に関する成分表示を $\omega_{a_1 \cdots a_r} = \omega(e_{a_1}, \cdots, e_{a_r})$ とすると，

$$\omega = \frac{1}{r!} \omega_{a_1 \cdots a_r} \theta^{a_1} \wedge \cdots \wedge \theta^{a_r} \tag{165}$$

が成り立つ．すなわち，$\theta^{a_1} \wedge \cdots \wedge \theta^{a_r}$ の形の r 形式の全体が $\boldsymbol{A}^r$ の基底と

なる．とくに，基底として座標基底をとれば，

$$\omega = \frac{1}{p!}\omega_{\mu_1\cdots\mu_r}\mathrm{d}x^{\mu_1}\wedge\cdots\wedge\mathrm{d}x^{\mu_r} \tag{166}$$

を得る．

関数 ϕ に対して，その局所座標系に関する微係数 $\partial_\mu\phi$ は，共変ベクトル場として変換する．これに対応する1形式は ϕ の微分とよばれ，

$$\mathrm{d}\phi = \partial_\mu\phi\mathrm{d}x^\mu \tag{167}$$

と表記される．次数を変化させるこの微分演算を微分形式全体に拡張したものは外微分とよばれ，つぎの条件を満たす $\boldsymbol{A}^r$ から $\boldsymbol{A}^{r+1}$ への線形写像 d として定義される．

① 関数 $\phi\in\boldsymbol{A}^0$ に対して，$\mathrm{d}\phi\in\boldsymbol{A}^1$
② $\mathrm{d}(\alpha\wedge\beta) = \mathrm{d}\alpha\wedge\beta + (-1)^r\alpha\wedge\mathrm{d}\beta$ $(\alpha\in\boldsymbol{A}^r)$
③ $\mathrm{d}^2 = 0$

これらの性質より，式 (166) に対する d の作用は

$$\mathrm{d}\omega = \frac{1}{r!}\partial_\nu\omega_{\mu_1\cdots\mu_r}\mathrm{d}x^\nu\wedge\mathrm{d}x^{\mu_1}\wedge\cdots\wedge\mathrm{d}x^{\mu_r} \tag{168}$$

と一意的に決まる．

$\mathrm{d}\omega = 0$ となる微分形式 ω は閉形式とよばれる．閉形式 $\omega\in\boldsymbol{A}^r$ は，局所的にはつねに適当な $\chi\in\boldsymbol{A}^{r-1}$ を用いて $\omega = \mathrm{d}\chi$ と表される（ポアンカレの補題）[10]．

外積と外微分は，多様体間の写像 $F:\mathcal{M}\to\mathcal{N}$ と可換となる．すなわち，任意の微分形式 α,β に対して

$$F^*(\alpha\wedge\beta) = F^*\alpha\wedge F^*\beta, \tag{169a}$$

$$F^*(\mathrm{d}\alpha) = \mathrm{d}(F^*\alpha) \tag{169b}$$

が成り立つ．とくに，外微分とリー微分は可換となる．

$$\mathcal{L}_V\mathrm{d}\alpha = \mathrm{d}\mathcal{L}_V\alpha \tag{170}$$

5.7 共 変 微 分

ベクトル場の座標成分 V^μ の局所座標に関する微係数 $\partial_\nu V^\mu$ は,局所座標の一般的変換に対してテンソルとして変換しない.しかし,接続係数とよばれる,各局所座標系ごとに決まる補助的な量 $\Gamma^\alpha_{\beta\mu}$ を用いて,微分の定義を

$$\nabla_\mu X^\alpha = \partial_\mu X^\alpha + \Gamma^\alpha_{\beta\mu} X^\beta \tag{171}$$

と変更することにより,テンソルとして振る舞う微分係数を定義することができる.そのためには,座標変換に対して $\Gamma^\alpha_{\beta\mu}$ が

$$\Gamma'^\alpha_{\beta\mu}(x') = \frac{\partial x'^\alpha}{\partial x^\gamma}\frac{\partial x^\delta}{\partial x'^\beta}\frac{\partial x^\nu}{\partial x'^\mu}\Gamma^\gamma_{\delta\nu}(x) - \frac{\partial x^\gamma}{\partial x'^\beta}\frac{\partial x^\nu}{\partial x'^\mu}\frac{\partial^2 x'^\alpha}{\partial x^\gamma \partial x^\nu} \tag{172}$$

と変換することを要請すればよい.ある局所座標系で $\Gamma^\alpha_{\beta\mu}(x)$ を勝手に与えれば,この変換式により他の局所座標系での接続係数は完全に決まり,任意の座標変換に対してこの変換式で互いに結ばれることが示される.このようにして定義される微分は共変微分とよばれる.

共変微分は,任意のテンソルに拡張される.このことをみるには,5.5 節で導入した一般的な微分作用素の特別な場合として共変微分を定義するのが便利である.すなわち,ベクトル(場)V に沿う共変微分 ∇_V を,5.5 節で述べた性質をもつ微分作用素でベクトル場に対する作用が

$$\nabla_{V+W} X = \nabla_V X + \nabla_W X \tag{173a}$$

$$\nabla_{\phi V} X = \phi \nabla_V X \tag{173b}$$

を満たすものとして定義する.ここで,X, V, W は任意のベクトル場,ϕ は任意関数である.すると,微分作用素の一般的性質より,∇_V は任意のテンソル場に対して定義され,式 (173) で X を任意のテンソル場 T に置きかえて得られる関係式を満たす.これより,座標基底 ∂_μ に対して

$$\nabla_\mu T = \nabla_{\partial_\mu} T \tag{174}$$

と定義すると，$\nabla_V T = V^\mu \nabla_\mu T$ が成り立ち，この式の左辺が座標によらないことより，$\nabla_\mu T$ は μ に関して共変テンソルとして振る舞うことが導かれる．

ベクトル場の基底 e_a を1つとると，条件 (173) は，$\nabla_V X$ が

$$\nabla_V X = V^a (\partial_{e_a} X^b + \Gamma^b_{ca} X^c) e_b \tag{175}$$

と表されることと同等となる．ここで

$$\nabla_{e_a} e_b = e_c \Gamma^c_{ba} \tag{176}$$

である．したがって，Γ^c_{ba} の組を勝手に1つ与えれば，共変微分 ∇ は完全に決まってしまう．Γ^c_{ba} は，基底 e_a に関する共変微分 ∇ の接続係数とよばれる．この接続係数を用いると，e_a の双対基底 θ^a の共変微分は

$$\nabla_{e_a} \theta^b = -\Gamma^b_{ca} \theta^c \tag{177}$$

と表される．最初に導入した $\Gamma^\alpha_{\beta\mu}$ は，座標基底に関する接続係数となっている．

ベクトル場 V に沿うテンソル場 T の共変微分 $\nabla_V T$ の点 P における値は，テンソル性より V_P にのみ依存する．このため，テンソル場 T が曲線 γ 上でのみ定義されている場合でも，γ の接ベクトル V に沿う T の共変微分が定義できる．そこで，ユークリッド空間における平行概念を一般化して，テンソル場 T の曲線に沿う共変微分がゼロとなっているとき，T は平行であると定義する．任意の型のテンソルに対して，曲線 γ 上の1点 P における値 T_P を指定すると，P において T_P と一致する γ 上の平行なテンソル場 T が一意的に存在する．T は T_P の γ に沿う平行移動とよばれる．とくに，適当なパラメータ表示の下で，曲線の接ベクトル V が曲線に沿って平行となるとき，その曲線を測地線とよぶ．これは，ユークリッド空間における直線に相当する．測地線の方程式は，局所座標系で

$$(\nabla_V V)^\mu = \frac{d^2 x^\mu}{d\lambda^2} + \Gamma^\mu_{\alpha\beta} \frac{dx^\alpha}{d\lambda} \frac{dx^\beta}{d\lambda} = 0 \tag{178}$$

5.7 共変微分

と表される．また，測地線の方程式がこのように表示されるパラメータ λ はアフィンパラメータとよばれる．

このように，共変微分は，ユークリッド空間における平行移動の概念を一般の多様体に拡張する役割を果たす．この共変微分から定義されるベクトルの平行移動は線形接続とよばれる．逆に，接続が与えられると，任意のテンソル場の共変微分が定義される．曲線 $\gamma(\lambda)$ に対して，$\lambda = \alpha$ から $\lambda = \beta$ への平行移動に対応する線形対応を $\tau(\alpha, \beta)$，γ の接ベクトルを V として，γ 上で定義された任意のテンソル場 T に対して

$$(\nabla_V T)_{\gamma(\lambda)} = \lim_{t \to 0} \frac{\tau(\lambda+t, \lambda) T(\lambda+t) - T(\lambda)}{t} \tag{179}$$

と置くと，$\nabla_V T$ はテンソル場 T の V 方向の共変微分を定義することが示される．したがって，線形接続と共変微分は 1 対 1 に対応する．

ユークリッド空間では，曲線だけでなく任意の領域に対して，そこで平行なベクトル場が存在する．しかし，一般の多様体上の接続に対してはこれは不可能となる．これは，ベクトルを閉曲線に沿って平行移動して元の点に戻ったとき，一般には元のベクトルと異なるベクトルが得られるためである．たとえば，微小なベクトル V, W で張られる平行四辺形の周に沿ってベクトル X を平行移動すると，平行移動後のベクトルは X と

$$\delta X^\alpha = R^\alpha{}_{\beta\mu\nu} X^\beta V^\mu W^\nu \tag{180}$$

だけずれることが示される．ここで，$R^\alpha{}_{\beta\mu\nu}$ は接続係数を用いて

$$R^\alpha{}_{\beta\mu\nu} = \partial_\mu \Gamma^\alpha_{\beta\nu} - \partial_\nu \Gamma^\alpha_{\beta\mu} + \Gamma^\alpha_{\gamma\mu} \Gamma^\gamma_{\beta\nu} - \Gamma^\alpha_{\gamma\nu} \Gamma^\gamma_{\beta\mu} \tag{181}$$

により定義される量の組で，4 階テンソルとして振る舞う．この平行移動のひずみは，空間の曲がりを表すと解釈されるので，$R^\alpha{}_{\beta\mu\nu}$ は曲率テンソルとよばれる．曲率テンソルは，

$$(\mathcal{R}(V, W) X)^\alpha = R^\alpha{}_{\beta\mu\nu} X^\beta V^\mu W^\nu \tag{182}$$

と置くと，共変微分を用いて

$$\mathcal{R}(V,W)X = \nabla_V \nabla_W X - \nabla_W \nabla_V X - \nabla_{[V,W]} X \tag{183}$$

と表される．

ある局所座標系でいたるところ $\Gamma^\alpha_{\beta\mu} = 0$ となっていれば，曲率テンソルはゼロとなる．逆に，曲率テンソルがある領域でいたるところゼロとなっていれば，その領域で平行なベクトル場の基底 e_a が存在することが示される．しかし，それから適当な局所座標でいたるところ $\Gamma^\alpha_{\beta\mu} = 0$ となることはいえない．これが成り立つためには，さらに

$$\Theta(X,Y) = \nabla_X Y - \nabla_Y X - [X,Y] \tag{184}$$

で定義される 3 階混合テンソル場 Θ がいたるところゼロとなることが必要となる．このテンソルはねじれテンソルとよばれ，その座標基底に関する成分は

$$\Theta^\alpha_{\mu\nu} = \Gamma^\alpha_{\nu\mu} - \Gamma^\alpha_{\mu\nu} \tag{185}$$

と表される．

基底 e_a に関する接続係数 Γ^b_{ca} を用いて，接続形式とよばれる 1 形式を

$$\omega^a{}_b = \Gamma^a_{bc} \theta^c \tag{186}$$

により定義する．このとき，曲率テンソルおよびねじれテンソルに対応する 2 形式

$$\mathcal{R}^a{}_b = \frac{1}{2} R^a{}_{bcd} \theta^c \wedge \theta^d \tag{187}$$

$$\Theta^a = \frac{1}{2} \Theta^a_{bc} \theta^b \wedge \theta^c \tag{188}$$

は，

$$\mathcal{R}^a{}_b = \mathrm{d}\omega^a{}_b + \omega^a{}_c \wedge \omega^c{}_b \tag{189a}$$

$$\Theta^a = D\theta^a \equiv \mathrm{d}\theta^a + \omega^a{}_b \wedge \theta^b \tag{189b}$$

と表される．$\mathcal{R}^a{}_b$ と Θ^a はそれぞれ曲率形式，ねじれ形式とよばれる．この表式より直ちに，つぎの 2 つの恒等式が得られる．

$$D\Theta^a \equiv d\Theta^a + \omega^a{}_b \wedge \Theta^b = \mathcal{R}^a{}_b \wedge \theta^b \tag{190a}$$

$$D\mathcal{R}^a{}_b \equiv d\mathcal{R}^a{}_b + \omega^a{}_c \wedge \mathcal{R}^c{}_b - \mathcal{R}^a{}_c \wedge \omega^c{}_b = 0 \tag{190b}$$

これらはそれぞれ第1ビアンキ恒等式, 第2ビアンキ恒等式とよばれる.

5.8 リーマン多様体

多様体 $\mathcal{M}$ の各接空間 T_p に非退化な内積 $g_p(X,Y) = g_{\mu\nu}X^\mu Y^\nu$ が定義されているとき, g_p から決まる多様体上の非退化な2階共変対称テンソル場 $g = (g_{\mu\nu})$ は計量テンソル, 組 $(\mathcal{M},g)$ は擬リーマン多様体とよばれる. とくに, 内積 g_p が正定値のときにはリーマン多様体, また, 適当な基底に関して g_p がミンコフスキー計量と一致するときにはローレンツ多様体ないし単に時空とよばれる. 計量テンソルはしばしば

$$ds^2 = g_{\mu\nu}(x)dx^\mu dx^\nu \tag{191}$$

と表される.

同じ次元のリーマン多様体 $(\mathcal{M},g)$, $(\mathcal{M}',g')$ の間に微分同相写像 $F: \mathcal{M} \to \mathcal{M}'$ が存在し, $g = F^*g'$ が成り立つとき, 2つのリーマン多様体は等長であるという.

ミンコフスキー時空の場合と同様に, (擬) リーマン多様体では, 計量テンソルの座標成分 $g_{\mu\nu}$ およびその逆行列である2階反変対称テンソル $g^{\mu\nu}$ を用いてテンソルの添え字の上げ下げを行うことができる. たとえば, 反変ベクトル場 V^μ に対して, $V_\mu = g_{\mu\nu}V^\nu$ は共変ベクトル場となる.

(擬)リーマン多様体では, ベクトルの長さを保ちかつねじれをもたない平行移動 (接続) が計量により一意的に定まる. 実際, これらの条件は局所座標系で

$$\nabla_\mu g_{\alpha\beta} \equiv \partial_\mu g_{\alpha\beta} - \Gamma^\gamma_{\alpha\mu}g_{\gamma\beta} - \Gamma^\gamma_{\beta\mu}g_{\alpha\gamma} = 0 \tag{192a}$$

$$\Theta^\alpha_{\mu\nu} \equiv \Gamma^\alpha_{\nu\mu} - \Gamma^\alpha_{\mu\nu} = 0 \tag{192b}$$

と表され，$\Gamma^\lambda_{\mu\nu}$ を一意的に定める．

$$\Gamma^\lambda_{\mu\nu} = \frac{1}{2}g^{\lambda\alpha}\left(\partial_\mu g_{\alpha\nu} + \partial_\nu g_{\alpha\mu} - \partial_\alpha g_{\mu\nu}\right) \tag{193}$$

この線形接続は，リーマン接続とよばれる．

リーマン多様体では，接ベクトル V の長さ $(g(V,V))^{1/2}$ の積分として曲線 γ の長さを定義することができる．

$$s = \int_\gamma \mathrm{d}s = \int_\gamma (g_{\mu\nu}\mathrm{d}x^\mu \mathrm{d}x^\nu)^{1/2} \tag{194}$$

とくに，曲線 γ の弧長が局所的な変形に対して極値をとるとき γ は測地線とよばれる．計量が滑らかならば，このように定義された測地線は，リーマン接続に対する測地線の方程式 (178) を満たし，通過する点とその点における接ベクトルを与えれば一意的に決まる．

計量が定符号でない場合には，$g(V,V)$ が定符号とならない曲線に対して式 (194) は意味を失う．このような場合には，2 点 p, q を結ぶ曲線を $x^\mu(\lambda)(0 \leq \lambda \leq 1)$, $\dot{x}^\mu = \mathrm{d}x^\mu/\mathrm{d}\lambda$ として，式 (194) の代わりに，

$$S = \int_0^1 L(x,\dot{x})\mathrm{d}\lambda; \quad L = g_{\mu\nu}(x)\dot{x}^\mu \dot{x}^\nu \tag{195}$$

を作用積分として用いると，任意の測地線を変分原理から求めることができる．

リーマン接続に対する曲率テンソルの共変成分はつぎの対称性をもつ．

$$R_{\mu\nu\lambda\sigma} = -R_{\mu\nu\sigma\lambda} = -R_{\nu\mu\lambda\sigma} \tag{196a}$$

$$R_{\mu\nu\lambda\sigma} = R_{\lambda\sigma\mu\nu} \tag{196b}$$

$$R_{\mu\nu\lambda\sigma} + R_{\mu\lambda\sigma\nu} + R_{\mu\sigma\nu\lambda} = 0 \tag{196c}$$

最後の式は，第 1 ビアンキ恒等式 (190a) に対応する．第 2 ビアンキ恒等式 (190b) は，成分表示では

$$\nabla_\gamma R_{\mu\nu\alpha\beta} + \nabla_\alpha R_{\mu\nu\beta\gamma} + \nabla_\beta R_{\mu\nu\gamma\alpha} = 0 \tag{197}$$

と表される．

5.8 リーマン多様体

一般相対性理論では，曲率テンソルの添え字を縮約して得られる2階のテンソル

$$R_{\mu\nu} = R^{\alpha}{}_{\mu\alpha\nu} \tag{198}$$

が重要な役割を果たす．このテンソルはリッチテンソルとよばれる．リーマン接続に対しては，リッチテンソルは対称テンソルとなる．また，計量テンソルを用いるとスカラー量

$$R = R^{\mu}_{\mu} = g^{\mu\nu}R_{\mu\nu} \tag{199}$$

が定義できる．このスカラー量は，リッチスカラーないしスカラー曲率とよばれる．第2ビアンキ恒等式の縮約より，リーマン接続に対しリッチテンソルはつぎの縮約ビアンキ恒等式を満たす．

$$\nabla_{\nu}R^{\nu}_{\mu} = \frac{1}{2}\nabla_{\mu}R \tag{200}$$

n次元多様体に対して，式(196)を満たす4階テンソルの独立な成分の数は，$n^2(n^2-1)/12$となる．$n=2$のとき，この数は1となり，曲率テンソルはスカラー関数Kを用いて

$$R_{\mu\nu\lambda\sigma} = K(g_{\mu\lambda}g_{\nu\sigma} - g_{\mu\sigma}g_{\nu\lambda}) \tag{201}$$

と表される．また，リッチテンソルとスカラー曲率はKを用いて，$R_{\mu\nu} = Kg_{\mu\nu}, R = 2K$と表される．これに対して，$n \geq 3$のとき，リッチテンソルの$n(n+1)/2$個の成分はすべて代数的に独立となり，曲率テンソルの成分のうちリッチテンソルと代数的に独立な$n(n+1)(n+2)(n-3)/12$個の成分は

$$C^{\mu\nu}{}_{\lambda\sigma} = R^{\mu\nu}{}_{\lambda\sigma} - \frac{4}{n-2}\delta^{[\mu}_{[\lambda}R^{\nu]}_{\sigma]} + \frac{2R}{(n-1)(n-2)}\delta^{[\mu}_{[\lambda}\delta^{\nu]}_{\sigma]} \tag{202}$$

で定義されるワイルテンソルで表される．ワイルテンソルは曲率テンソルと同様，代数的関係式(196)とビアンキ恒等式を満たすうえに，さらに，$C^{\alpha}{}_{\mu\alpha\nu} = 0$という性質をもつ．ただし，$n=3$に対しては，ワイルテンソルは恒等的にゼロとなる．ワイルテンソルの表示$C^{\mu}{}_{\nu\lambda\sigma}$は，計量に非負関

数をかけるワイル変換

$$g_{\mu\nu}(x) \to e^{2\Omega(x)} g_{\mu\nu}(x) \tag{203}$$

に対して不変となる．また，$n \geq 4$ に対して，ワイルテンソルが恒等的にゼロとなることと計量が共形的に平坦，すなわち適当な局所座標のもとで

$$g_{\mu\nu}(x) = e^{2\Omega(x)} \eta_{\mu\nu} \tag{204}$$

と表されることは同等である（ワイルの定理）[11]．一方，$n = 3$ のとき，ワイルテンソルがゼロでも共形的に平坦とはかぎらない．このとき，共形的に平坦であるための必要十分条件は，つぎのバック (Bach) テンソルが恒等的にゼロとなることである[52]：

$$R_{\mu\nu\lambda} = \nabla_\lambda R_{\mu\nu} - \nabla_\nu R_{\mu\lambda} + \frac{1}{4}(g_{\mu\lambda}\nabla_\nu R - g_{\mu\nu}\nabla_\lambda R)$$

5.9 定曲率空間

一般相対性理論や素粒子論では，局所的に等方で一様な空間や時空が重要な役割を果たす．このようなリーマン空間（時空）は，その曲率テンソルが定数 K を用いて

$$R_{\mu\nu\lambda\sigma} = K(g_{\mu\lambda}g_{\nu\sigma} - g_{\mu\sigma}g_{\nu\lambda}) \tag{205}$$

と表されるので，定曲率空間 (定曲率時空) とよばれる．また，定数 K は断面曲率とよばれる．

定曲率 n 次元リーマン多様体の局所的構造は断面曲率のみで決まり，ユークリッド空間 $E^n(K=0)$，球面 $S^n(K>0)$，双曲空間 $H^n(K<0)$ のいずれかと局所的に等長である[12]．ここで，双曲空間 H^n は $(n+1)$ 次元ミンコフスキー時空 $E^{n,1}$ の空間的 2 次超曲面

$$-T^2 + X_1^2 + \cdots + X_n^2 = -l^2 \tag{206}$$

と等長なリーマン多様体で，その計量は X_i の極座標系 (r, Ω^i_{n-1}) を用いて

5.9 定曲率空間

$$ds^2 = \frac{dr^2}{1-Kr^2} + r^2 d\Omega_{n-1}^2 \tag{207}$$

と表される．ここで，$d\Omega_{n-1}^2$ は $(n-1)$ 次元単位球面の計量である．l と K のあいだには，$K = -1/l^2$ の関係がある．式 (207) は，$K = 0$ および $K > 0$ とすれば，それぞれユークリッド空間および球面に対しても成り立ち，球面に対して K はその半径 l を用いて $K = 1/l^2$ と表される．

一方，定曲率 n 次元時空は，局所的にミンコフスキー時空 $E^{n-1,1}(K=0)$，ドジッター時空 $dS^n(K>0)$，反ドジッター時空 $AdS^n(K<0)$ のいずれかと局所的に等長である．ここで，ドジッター時空は，$(n+1)$ 次元ミンコフスキー時空 $E^{n,1}$ の時間的 2 次曲面

$$-T^2 + X_1^2 + \cdots + X_n^2 = l^2 \tag{208}$$

と等長な時空である．$T = l\sinh(ct/l)$, $X_i = l\cosh(ct/l)\Omega_{n-1}^i$ と置くと，その計量は

$$ds^2 = -c^2 dt^2 + l^2 \cosh^2(ct/l) d\Omega_{n-1}^2 \tag{209}$$

と表され，その断面曲率は $K = 1/l^2$ で与えられる．したがって，ドジッター時空は $\mathbb{R} \times S^{n-1}$ と同相である．また，座標系 (t, r, Ω_{n-2}^j) を

$$(T, X_n) = \sqrt{l^2 - r^2}(\sinh(ct/l), \cosh(ct/l))$$
$$X_j = r\Omega_{n-2}^j \ (j = 1, \cdots, n-1) \tag{210}$$

により導入すると，計量は静的で球対称な形

$$ds^2 = -(1-Kr^2)dt^2 + (1-Kr^2)^{-1}dr^2 + r^2 d\Omega_{n-2}^2 \tag{211}$$

で表される．ただし，この座標系はドジッター時空の一部 $X_n > |T|$ しか覆わない．

一方，反ドジッター時空は，計量の符号が $[--+\cdots+]$ の $(n+1)$ 次元擬ユークリッド空間 $E^{n-1,2}$ の時間的 2 次曲面

$$-T^2 - S^2 + X_1^2 + \cdots + X_{n-1}^2 = -l^2 \tag{212}$$

と局所的に等長な単連結時空である．座標系 (t, r, Ω_{n-2}^j) を

$$(T, S) = \sqrt{r^2 + l^2}(\sin(ct/l), \cos(ct/l))$$
$$X_j = r\Omega_{n-2}^j \ (j = 1, \cdots, n-1) \tag{213}$$

により導入すると，計量は式 (211) において $K = -1/l^2$ と置いた式で与えられる．ドジッター時空と異なり，この座標系は式 (212) で表される時空の単連結な被覆（普遍被覆）となっていて，$0 \leq t < 2\pi l$ の領域が時空 (212) と 1 対 1 に対応する．したがって，時空 (212) は位相的に $S^1 \times \mathbb{R}^{n-1}$ という構造をもち，閉じた時間的閉曲線をもつ．

5.10 等長変換とキリングベクトル

(擬) リーマン多様体 $(\mathcal{M}, g)$ の変換 F が計量テンソルを不変にする，すなわち $F_*g = g$ が成り立つとき，F は等長変換とよばれる．また，$(\mathcal{M}, g)$ の等長変換の全体は群をつくる．この変換群は，等長変換群とよばれる．等長変換群は (擬) リーマン多様体の対称性を表し，つねにリー群となる（マイヤース–スティーンロッド，1939）[13]．

等長変換群の次元は，多様体の次元が n のとき，$n(n+1)/2$ を超えない．とくに，最大次元 $n(n+1)/2$ の等長変換群をもつ連結な (擬) リーマン多様体は，定曲率空間（定曲率時空）と等長となる [12],[13]．

等長変換群の次元が 1 以上のとき，その 1 径数部分群 F_t に対応する無限小変換 ξ は，等長変換の定義より

$$(\mathcal{L}_\xi g)_{\mu\nu} \equiv \nabla_\mu \xi_\nu + \nabla_\nu \xi_\mu = 0 \tag{214}$$

を満たす．この方程式はキリング方程式，その解 ξ はキリングベクトルとよばれる．キリングベクトル ξ_μ に対し，$F_{\mu\nu} = \nabla_{[\mu}\xi_{\nu]}$ とおくとき，任意の曲線 γ に沿って，

$$\nabla_V \xi^\mu = V^\nu F_\nu{}^\mu, \tag{215}$$

$$\nabla_V F_{\mu\nu} = -R_{\mu\nu\lambda\sigma} V^\lambda \xi^\sigma \tag{216}$$

が成り立つ．ここで，V^μ は γ の接ベクトル場である．この方程式は ξ^μ と $F^{\mu\nu}$ に対する常微分方程式なので，勝手な 1 点 P を固定してそれを始点とするさまざまな曲線に対してこの式を解くことにより，点 P での ξ^μ と $F^{\mu\nu}$ の値が与えられると任意の点での ξ^μ が決まってしまう．もちろん，異なる曲線に沿って決定した同じ点の値が一致しないとキリング方程式の解とはならない．このことより，上記の等長変換群の最大次元が導かれる．

5.11 向き付け可能性

n 次元線形空間 V において，2 つの基底 e_a, e'_a は正則な 1 次変換 $e'_a = e_b \Lambda^b_a$ により結ばれる．そこで，$\det \Lambda > 0$ のとき 2 つの基底は同値と定義すると，これは基底のあいだの同値関係を定め，基底全体を 2 つの同値類に分類する．各同値類は V の向きとよばれ，向きを指定することを向き付けとよぶ．また，向き付けられた空間において，選ばれた向きと同じ同値類の基底は正の向きを，異なる同値類に属する基底は負の向きをもつという．

多様体の各接空間は，線形空間なので向きを定義することができる．この向き付けを適当に選んで，隣り合った接空間の向きがそろうようにできる場合には多様体全体に向きが定義される．正確には，各点の近傍で適当な局所座標系 x^μ が存在して，各接空間の向きが x^μ の定める座標基底から誘導される各接空間の基底の向きと一致するとき，多様体は向き付け可能，そのような接空間の向き付けができないとき向き付け不可能という．向き付け可能性は，座標変換のヤコビ行列 $D(x')/D(x)$ がつねに正となるような座標近傍系が存在することと同値である．この座標近傍系は，座標基底が接空間と同じ向きをもつという条件で決定される．たとえば，球面や円筒は向き付け可能な 2 次元多様体であるが，メビウス帯やクラインの壺は向き付け不可能である．

5.12 ストークスの定理

ω を向き付けられた多様体 $\mathcal{M}$ 上の s 形式,$\mathcal{N}$ を $\mathcal{M}$ の向き付けられた r 次元部分多様体とする.このとき,包含写像 $j: \mathcal{N} \to \mathcal{M}$ による ω の引き戻し $j^*\omega$ は $\mathcal{N}$ 上の s 形式 $\omega|_\mathcal{N}$ を定める.とくに,ω が r 形式のとき,$\mathcal{N}$ の点 P の近傍 $\mathcal{U}$ における $\mathcal{M}$ の局所座標系を x^μ,$\mathcal{N} \cap \mathcal{U}$ における $\mathcal{N}$ の局所座標系を y^i として,$Y_i^\mu = \partial x^\mu / \partial y^i (i = 1, \cdots, r)$ と置くと,$\omega|_\mathcal{N}$ は

$$\omega|_\mathcal{N} = \omega(Y_1, \cdots, Y_r) \mathrm{d}y^1 \wedge \cdots \wedge \mathrm{d}y^r \tag{217}$$

と表される.この式の左辺は y^i のとり方に依存しない.また,$\mathrm{d}y^1 \wedge \cdots \wedge \mathrm{d}y^r$ は座標変換に対して

$$\mathrm{d}y'^1 \wedge \cdots \wedge \mathrm{d}y'^r = J \mathrm{d}y^1 \wedge \cdots \wedge \mathrm{d}y^r \tag{218}$$

と変換する.ここで,$J = D(y')/D(y)$ は座標変換のヤコビ行列式である.これは,$\mathrm{d}^r y$ を y 座標に関する体積要素 (ルベーグ測度) として y^i を正の向きにとると,$\omega(Y_1, \cdots, Y_r) \mathrm{d}^r y$ が座標系のとり方に依存しないことを意味する.したがって,その $\mathcal{N}$ 上での積分

$$\int_\mathcal{N} \omega = \int \mathrm{d}^r y\, \omega(Y_1, \cdots, Y_r) \tag{219}$$

があいまいさなく定義される.

この定義のもとで,つぎのストークスの定理が成り立つ[14]).

$$\int_\Sigma \mathrm{d}\omega = \int_{\partial \Sigma} \omega \tag{220}$$

ここで,ω は任意の r 形式,Σ は向き付けられた $(r+1)$ 次元部分多様体,$\partial \Sigma$ は Σ の境界となる r 次元多様体である.ただし,$\partial \Sigma$ に横断的なベクトル場 N を Σ の外向きにとるとき,$\partial \Sigma$ の接ベクトルの基底 $Y_1, \cdots, Y_r$ は向きは,$N, Y_1, \cdots, Y_r$ が Σ の向きと一致するとき正の向きと定める.

ストークスの定理は,Σ が n 次元 (擬) リーマン多様体 $(\mathcal{M}, g)$ の領域 D

のとき，曲がった空間(時空)でのガウスの公式を与える．まず，

$$g = \det(g_{\mu\nu}) \tag{221}$$

として，添え字について完全反対称で

$$\epsilon_{0\cdots n-1} = \sqrt{|g|} \tag{222}$$

となる量の組 $\epsilon_{\mu_1\cdots\mu_n}$ を考える．この量は，向きを保つ座標変換に対してテンソル場として振る舞うが，向きを変える変換に対しては符号を変えるので擬テンソル場で，レヴィ-チヴィタ擬テンソルとよばれる．この擬テンソル場に対応する n 形式

$$\begin{aligned}\Omega &= \frac{1}{n!}\epsilon_{\mu_1\cdots\mu_n}\mathrm{d}x^{\mu_1}\wedge\cdots\wedge\mathrm{d}x^{\mu_n} \\ &= \sqrt{|g|}\mathrm{d}x^0\wedge\cdots\wedge\mathrm{d}x^{n-1}\end{aligned} \tag{223}$$

の定める測度は n 次元体積測度 $\mathrm{d}^n x\sqrt{|g|}$ と一致する．

このレヴィ-チヴィタ擬テンソルを用いて，r 形式 ω に対して，$(n-r)$ 形式 $*\omega$ を

$$(*\omega)_{\mu_1\cdots\mu_{n-r}} = \frac{1}{r!}\epsilon_{\mu_1\cdots\mu_{n-r}}{}^{\nu_1\cdots\nu_r}\omega_{\nu_1\cdots\nu_r} \tag{224}$$

により定義する．このとき，

$$**\omega = \pm(-1)^{r(n-r)}\omega \tag{225}$$

が成り立つので，対応 $\omega \to *\omega$ は r 形式の線形空間 $\boldsymbol{A}^r$ と $(n-r)$ 形式の線形空間 $\boldsymbol{A}^{n-r}$ とのあいだの 1 対 1 線形対応を与える．ここで，$\pm$ は g の符号である．この対応はホッジ双対ないしポアンカレ双対とよばれる．

r 形式 ω に対して，$\nabla\cdot\omega$ を

$$(\nabla\cdot\omega)_{\mu_1\cdots\mu_{r-1}} = \nabla_\nu\omega^\nu{}_{\mu_1\cdots\mu_{r-1}} \tag{226}$$

を成分としてもつ $(r-1)$ 形式とすると，

$$\mathrm{d}*\omega = (-1)^{(n+r)}*\nabla\cdot\omega \tag{227}$$

が成り立つ．これをベクトル場 V^μ から定義される 1 形式 $V_* = V_\mu dx^\mu$ に

適用すると,
$$d * V_* = (-1)^{n-1} \nabla \cdot V \Omega \tag{228}$$
を得る．この式を領域 D で積分し，ストークスの定理を用いるとガウスの公式
$$\int_D \nabla \cdot V \Omega = \int_{\partial D} i_V \Omega \tag{229}$$
を得る．ここで，$i_V \Omega$ は
$$\begin{aligned} i_V \Omega &= \frac{1}{(n-1)!} V^\nu \epsilon_{\nu \mu_1 \cdots \mu_{n-1}} dx^{\mu_1} \wedge \cdots \wedge dx^{\mu_{n-1}} \\ &\equiv V^\mu d\Sigma_\mu \end{aligned} \tag{230}$$
で定義される $(n-1)$ 形式である．$i_V \Omega|_{\partial D}$ は V が ∂D に接するときゼロなり，V が ∂D の外向き単位法ベクトル N ($N \cdot N = \pm 1$) のとき ∂D の体積要素 $d\Sigma$ と一致する．したがって，∂D が光的とならないときには，ガウスの公式はなじみの深い形式
$$\int_D \nabla_\mu V^\mu \sqrt{|g|} d^n x = \int_{\partial D} \pm V \cdot N d\Sigma \tag{231}$$
で表される．∂D に光的な部分がある場合には，その部分において，L を ∂D を外向きに横断する光的ベクトル場，N を $L \cdot N = -1$ となる ∂D の光的な法ベクトルとして，$d\Sigma$ を $i_L \Omega$ により定義すれば，この公式はそのまま成り立つ．

6章
一般相対性理論

6.1 基本仮定

粒子の受ける重力は質量に比例する．したがって，重力場中の粒子に対するニュートンの運動方程式は，

$$m_i \boldsymbol{a} = m_g \boldsymbol{g} \tag{232}$$

と表される．ここで，$\boldsymbol{a}$ は粒子の加速度，$\boldsymbol{g}$ は重力加速度，m_i と m_g はそれぞれ粒子の慣性質量および重力質量である．ニュートンの重力理論では，適当な単位系のもとでこれら2つの質量は等しいと仮定される．これは決して自明なことでなく，エトヴェシュ(R. Eötvös) をはじめとする多くの人々による地上実験により確立された実験事実で，慣性質量と重力質量の等価性とよばれる．

慣性質量と重力質量の等価性が成り立つと，運動方程式は $\boldsymbol{a} = \boldsymbol{g}$ となり，重力場中での粒子の運動はその質量などの個性によらなくなる（弱い等価性原理）．とくに，元の基準系に対して加速度 $\boldsymbol{g}$ で運動する新しい基準系に移ると，運動方程式は $\boldsymbol{a}' = \boldsymbol{a} - \boldsymbol{g} = 0$ となり，重力場はゼロとなってしまう．すなわち，加速系に移ることにより，局所的に重力場を消し去ることができる．ここで局所的といったのは，一様で静的な重力場の場合を除いて，一般にいたるところ重力場をゼロとするような加速系は存在しないためである．

アインシュタインはこの経験事実を一般原理に昇格して等価原理とよび，特殊相対性理論と整合的な重力理論を構築する際の出発点とした．すなわち，任意の時空点 P の近傍で適当な局所座標系 X_P^μ が存在し，この局所座標系では点 P の十分近くで特殊相対性理論が成り立つと仮定したのである．この局所座標系は，特殊相対性理論における慣性系の役割を果たすので局所慣性系とよばれる．たとえば，自由粒子，すなわち重力以外の力を受けない粒子の運動方程式は，点 P において $d^2 X_P^\mu/d\tau^2 = 0$ で与えられる．ここで，τ は粒子の固有時である．これを一般の局所座標系 x^μ で表すと，

$$\frac{d^2 x^\mu}{d\tau^2} + \Gamma^\mu_{\nu\lambda} \frac{dx^\nu}{d\tau} \frac{dx^\lambda}{d\tau} = 0 \tag{233}$$

となる．ここで，$\Gamma^\mu_{\nu\lambda}$ は

$$\Gamma^\mu_{\nu\lambda}(x)|_P = \frac{\partial x^\mu}{\partial X_P^\alpha} \frac{\partial^2 X_P^\alpha}{\partial x^\nu \partial x^\lambda} \tag{234}$$

で与えられる．この量は，各点 P において局所慣性系が $x^\mu - x^\mu(P)$ に関して 2 次の精度で一意的に定まるとするとあいまいさなく決まり，一般の局所座標系 x^μ の変換に対して変換則 (172) に従い，ν, λ に関して対称である．したがって，$\Gamma^\mu_{\nu\lambda}$ は時空にねじれのない線形接続を定義し，式 (233) はそれに関する測地線の方程式となっている．すなわち，等価原理より，重力場の作用はねじれのない線形接続で記述され，自由粒子の軌道は測地線で与えられるとするのが自然であるという結論が得られる．また，一般の重力場に対しては，大域的な慣性系が存在しないので，特殊相対性理論の枠内では重力を記述することはできないことになる．

このように，等価原理は特殊相対性理論を重力場が存在する場合に拡張するうえで強力な手段を与えるが，それだけではすべての物理法則に対する重力場の影響を決定することはできない．その理由は，上で述べた等価原理の定式化，とくに局所慣性系の定義がかなりあいまいなものであることと，物理量の一般的な座標変換に対する変換性が与えられていないことの 2 点にある．これらの問題を処理し，特殊相対性理論に代わる明確な枠組み

を与えるために，アインシュタインはつぎの2つの仮定を導入した．その1つは，上で述べた重力場を記述するねじれのない線形接続がリーマン接続で与えられ，対応する計量が局所慣性系でのミンコフスキー計量と一致するという仮定である．この仮定は，計量仮説とよばれる．計量仮説のもとでは，時空は計量テンソル $g_{\mu\nu}$ をもつローレンツ多様体となり，点Pにおける局所慣性系は対応するリーマン接続の接続係数がPでゼロとなる局所座標系として定義される．この定義は，局所慣性系を2次の精度で定めることが確かめられる．もう1つの仮定は，特殊相対性原理の一般化として，重力場を記述する時空計量を基本場として含めると，物理法則が任意の局所座標系で同じ形の方程式で与えられるとするもので，一般相対性原理ないし一般共変性の仮定とよばれる．計量仮説と一般共変性の要請のもとでは，等価原理を，計量がミンコフスキー計量で与えられるとき，特殊相対性理論が成り立つと定式化するのが自然である．これら計量仮説，一般共変性，等価原理の3つの要請を満たす物理法則の体系のなかでもっとも単純なものが（狭い意味での）一般相対性理論である．

6.2　特殊相対性理論との対応規則

　一般相対性理論では，計量仮説より，重力場は時空の曲がり，すなわち計量テンソル $g_{\mu\nu}$ で記述され，物理法則はこの曲がった時空における一般共変性をもつ方程式で表される．この一般共変性の要請は，物理量および物理法則がテンソル（場）およびそれらに対するテンソル方程式で表されるとすると自動的に満たされる．したがって，等価原理を考慮すると，特殊相対性理論における物理量と物理法則がテンソル（場）で記述されるとき，対応する一般相対性理論における物理量と物理法則をつぎの対応規則により得ることができる．

　① 特殊相対性理論におけるテンソル（場）⇒ 曲がった時空における同じ型のテンソル（場）．

② 特殊相対性理論における計量テンソル $\eta_{\mu\nu}, \eta^{\mu\nu} \Rightarrow$ 曲がった時空の計量テンソル場 $g_{\mu\nu}, g^{\mu\nu}$.

③ テンソル方程式における微分 $\partial_\mu \Rightarrow$ 計量テンソルに対応する共変微分（リーマン接続）∇_μ.

ただし，正確には，等価原理は特殊相対性理論におけるテンソル方程式の曲がった時空への一般化を一意的には決めない．その理由は，局所慣性系を指定する条件が，$\Gamma^\mu_{\nu\lambda} = 0$，すなわち計量テンソルの 1 階微分がゼロという条件のみで，計量テンソルの 2 階微分以上の量の振る舞いを規定していないことにある．このため，テンソル方程式に曲率テンソルに比例する勝手な項を加えても，その項が元のテンソル方程式と同じ型のテンソル量ならば，依然として等価原理と一般共変性の要請は満たされることになる．この不定性は最終的には実験・観測により取り除くしかないが，一般相対性理論では上記のもっとも単純な方程式が用いられ，これまでの実験・観測と整合的となっている．

7章
曲がった時空における物理法則

7.1 運動方程式

6.2節の対応規則を式 (39) に適用することにより，重力場中の粒子の運動方程式としてつぎの方程式が得られる．

$$\frac{\mathrm{d}x^\mu}{\mathrm{d}\tau} = u^\mu \tag{235}$$

$$\nabla_u p^\mu \equiv \frac{\mathrm{d}p^\mu}{\mathrm{d}\tau} + \Gamma^\mu_{\alpha\beta} p^\alpha u^\beta = F^\mu \tag{236}$$

ここで，$p^\mu = m_0 u^\mu$ は静止質量 m_0 と 4 元速度 u^μ から定義される 4 元運動量，固有時 τ は

$$c^2 \mathrm{d}\tau^2 = -\mathrm{d}s^2 = -g_{\mu\nu} \mathrm{d}x^\mu \mathrm{d}x^\nu \tag{237}$$

で定義されるスカラー量である．したがって，u^μ, p^μ, F^μ は曲がった時空における（粒子の軌道上で定義された）ベクトル場となり，計量テンソルにより添え字の上げ下げを行うことにすると，特殊相対性理論と同じ関係式 (40), (41), (49) が成り立つ．重力場の粒子に対する作用は，式 (236) の左辺に含まれるので，右辺の 4 元力 F^μ は重力以外の力を表す．とくに，$F^\mu = 0$ となる自由粒子に対しては，式 (236) は測地線の方程式 (233) と一致する．また，光線ないし光子に対しては，静止質量と固有時がゼロなので式 (236) はそのままでは使えないが，固有時を一般のアフィンパラメータに置きかえ，静止質量ゼロの極限をとると，軌道が測地線の方程式 (178)

に従うことが導かれる.

特殊相対性理論と異なり,重力場中では自由粒子に対しても4元運動量は一般に保存されない.これは当然の結果であるが,時空が対称性をもちキリングベクトルが存在する場合には,ニュートン理論と同様,4元運動量の適当な線形結合が保存される.実際,ξ^μをキリングベクトルとすると,自由粒子に対して

$$\frac{\mathrm{d}}{\mathrm{d}\tau}(\xi\cdot p) = m_0 \nabla_\mu \xi_\nu u^\mu u^\nu = 0 \tag{238}$$

となり,$\xi\cdot p$が保存量となる.このような保存量は,独立なキリングベクトルの数だけ存在する.たとえば,ξが時間的な場合にはエネルギーに対応する保存量が,空間的な回転を表す場合には角運動量に対応する保存量が得られる.

7.2 ボルツマン方程式

曲がった時空での粒子系は,特殊相対性理論と同様に時空座標と4元運動量ベクトルの対 (x^μ, p^μ) のつくる8次元相空間上の不変分布関数 $\tilde{\Phi}(x,p)$ により記述され,時空の微小な3次元面 $\mathrm{d}\Sigma$ に含まれ,4元運動量が p^μ を中心として $\mathrm{d}^4 p$ の範囲にある粒子数 $\mathrm{d}N$ は,n^μ を $\mathrm{d}\Sigma$ の単位法ベクトルとするとき,

$$\mathrm{d}N = -\tilde{\Phi}(x,p) n\cdot p\, \mathrm{d}\Sigma \mathrm{d}^4 p \sqrt{-g} \tag{239}$$

で与えられる.ただし,曲がった時空における $\tilde{\Phi}$ に対するボルツマン方程式を導くのに,6.2節の単純な対応規則は適用できない.その理由は,式(51)の U^A に現れる F^μ は,相空間における p^μ の単なる微分 $\mathrm{d}p^\mu/\mathrm{d}\lambda$ なので,曲がった時空における4元力 F^μ とは一致せず,重力の寄与も含んでいることにある.このことを考慮して,特殊相対性理論の場合に行ったのと同じ考察を行うと,つぎの方程式を得る.

$$p^\mu \frac{\partial \tilde{\Phi}}{\partial x^\mu} - \Gamma^\mu_{\alpha\beta} p^\alpha p^\beta \frac{\partial \tilde{\Phi}}{\partial p^\mu} + \frac{\partial (m_0 F^\mu \tilde{\Phi})}{\partial p^\mu} = \tilde{C} \qquad (240)$$

ここで，F^μ は重力以外の力を表す4元力で，$m_0 = (-g_{\mu\nu} p^\mu p^\nu)^{1/2}/c$ である．

7.3 流体の方程式

ボルツマン方程式と異なり，流体などの粒子系を記述する巨視的な平均量の従う方程式は，6.2節の対応原理により得られる．まず，曲がった時空における粒子数束ベクトルは

$$N^\mu(x) = \int \mathrm{d}^4 p \sqrt{-g} p^\mu \tilde{\Phi}(x, p) \qquad (241)$$

で定義され，ボルツマン方程式より

$$\nabla_\mu N^\mu = \Gamma/c \equiv \int \mathrm{d}^4 p \sqrt{-g} \tilde{C} \qquad (242)$$

に従う．時空領域 D でこの式を積分するすると，ガウスの公式より

$$\int_{\partial D} N^\mu \mathrm{d}\Sigma_\mu = \int_D \mathrm{d}^4 x \sqrt{-g} \Gamma/c \qquad (243)$$

を得る．$N^\mu \mathrm{d}\Sigma_\mu$ は ∂D の微小な3次元面 $\mathrm{d}\Sigma$ を横切る粒子の軌道数なので，この式は衝突項 $\tilde{C}$ がゼロのとき，粒子数が保存されることを表している．

同様に，粒子系に対するエネルギー運動量テンソルは

$$T^{\mu\nu} = c \int \mathrm{d}^4 p \sqrt{-g} p^\mu p^\nu \tilde{\Phi} \qquad (244)$$

で定義され，

$$\nabla_\nu T^{\mu\nu} = Q^\mu \qquad (245)$$
$$Q^\mu = c \int \mathrm{d}^4 p \sqrt{-g} (p^\mu \tilde{C} + m_0 F^\mu \tilde{\Phi})$$

に従う．とくに，理想流体のエネルギー運動量テンソルは，特殊相対性理論と同様，4元速度ベクトル u^μ，固有エネルギー密度 ρ および圧力 P で決まり，

$$T^{\mu\nu} = c^{-2}(\rho + P)u^\mu u^\nu + Pg^{\mu\nu} \tag{246}$$

で与えられ，ρ と u^μ に対する方程式は

$$u^\mu \nabla_\mu \rho + (\rho + P)\nabla_\mu u^\mu = -u_\mu Q^\mu \tag{247a}$$

$$\frac{\rho + P}{c^2} u^\nu \nabla_\nu u^\mu + h^{\mu\nu}\nabla_\nu P = h^\mu_\nu Q^\nu \tag{247b}$$

となる．ここで，$h^{\mu\nu}$ は u^μ に垂直な平面への射影を表すテンソル

$$h^{\mu\nu} = g^{\mu\nu} + c^{-2}u^\mu u^\nu \tag{248}$$

である．

7.4 エネルギー運動量の局所保存則

$\tilde{C} = 0, F^\mu = 0$ のとき，式 (245) は

$$\nabla_\nu T^{\mu\nu} = 0 \tag{249}$$

となる．この式は，エネルギー運動量の局所保存則とよばれる．ただし，特殊相対性理論の場合と異なり，一般的な重力場中では，これから全エネルギーや全運動量の保存則を導くことはできない．たとえば，粒子数とのアナロジーで 3 次元面 $d\Sigma$ に含まれる粒子のエネルギー運動量ベクトル dP^μ を $T^{\mu\nu}d\Sigma_\nu$ と定義すると，恒等式

$$\frac{1}{\sqrt{-g}}\partial_\nu(\sqrt{-g}T^{\mu\nu}) = \nabla_\nu T^{\mu\nu} - \Gamma^\mu_{\alpha\beta}T^{\alpha\beta} \tag{250}$$

より，時空領域 D に対して

$$\int_{\partial D} T^{\mu\nu}d\Sigma_\nu = -\int_D d^4x\sqrt{-g}\Gamma^\mu_{\alpha\beta}T^{\alpha\beta} \tag{251}$$

を得る．∂D が 2 つの空間的 3 次元面 Σ_0, Σ_1 からなるとき，この式の左辺は 2 つの面に含まれる粒子の全エネルギー運動量の差 ΔP^μ を表すが，明らかに，一般の状況では右辺はゼロでないので $\Delta P^\mu \neq 0$ となり，全エネルギー運動量は保存されない．

このように，重力場中で物質に対する全エネルギー運動量保存則の破れが起きる原因の一部は，上記の定義に重力場のエネルギー運動量が考慮されていない点にある．この重力場の寄与を考慮すると，すくなくとも時空が漸近的に平坦な場合には保存的な全エネルギー運動量を定義することができる．この場合については 9.2 節で詳しく述べる．もう 1 つの重要な例外は，キリングベクトル ξ^μ が存在する場合である．この場合，式 (249) より

$$\nabla_\nu(\xi_\mu T^{\mu\nu}) = T^{\mu\nu}\nabla_\nu\xi_\mu = 0 \tag{252}$$

が成り立つので，$\xi_\mu T^{\mu\nu}$ は粒子数束ベクトルと同様，保存的なベクトル場となり，$\xi_\mu T^{\mu\nu}\mathrm{d}\Sigma_\nu$ の積分により定義される量は保存する．一般に保存則は対称性と結びついていて，キリングベクトルが時空の対称性を表すので，この結果は自然なものである．

7.5 電気力学

曲がった時空における電気力学の基本方程式も，特殊相対性理論の方程式から対応原理により得られる．まず，電磁場は曲がった時空における 2 階反対称テンソル $F^{\mu\nu}$ で記述され，その電荷 q をもつ粒子に対する作用は，

$$\nabla_u p^\mu = \frac{q}{c}F^{\mu\nu}u_\nu \tag{253}$$

で与えられる．また，マクスウェル方程式は

$$\nabla_\nu F^{\mu\nu} = \frac{1}{\epsilon_0}J^\mu \tag{254a}$$

$$\nabla_\mu F_{\nu\lambda} + \nabla_\nu F_{\lambda\mu} + \nabla_\lambda F_{\mu\nu} = 0 \tag{254b}$$

で与えられる．リーマン接続がねじれをもたないので，この第 2 式は，共変微分 ∇_μ を座標微分 ∂_μ で置きかえた式と同等となり，特殊相対性理論と同様に，電磁テンソル $F_{\mu\nu}$ はベクトル場である 4 元電磁ポテンシャル A_μ を用いて

$$F_{\mu\nu} = \nabla_\mu A_\nu - \nabla_\nu A_\mu = \partial_\mu A_\nu - \partial_\nu A_\mu \tag{255}$$

と表される．この右辺はゲージ変換 (100) で不変となり，ゲージ条件

$$\nabla_\mu A^\mu = 0 \tag{256}$$

のもとで，マクスウェルの方程式は

$$\Box A^\mu - R^\mu_\nu A^\nu = -\frac{1}{\epsilon_0} J^\mu \tag{257}$$

と表される．さらに，電磁場に対するエネルギー運動量テンソルを

$$T_{\text{EM}}^{\mu\nu} = \epsilon_0 \left(F^{\mu\alpha} F^\nu{}_\alpha - \frac{1}{4} g^{\mu\nu} F^{\alpha\beta} F_{\alpha\beta} \right) \tag{258}$$

により定義すると，荷電粒子系と電磁場のエネルギー運動量テンソルの和 $T^{\mu\nu} = T_\text{m}^{\mu\nu} + T_\text{EM}^{\mu\nu}$ に対して局所保存則 (249) が成り立つ．

7.6　スカラー場とスピノール場

スカラー場の方程式 (106) は，ダランベール作用素 $\Box$ を $\nabla^\mu \nabla_\mu$ で置きかえれば，曲がった時空でもそのまま成り立つ．また，エネルギー運動量テンソルは，対応規則より

$$T_{\mu\nu} = \nabla_\mu \Phi \nabla_\nu \Phi - \frac{1}{2} g_{\mu\nu} [(\nabla \Phi)^2 + 2U(\Phi)] \tag{259}$$

となる．

これに対して，スピノールはローレンツ群の表現と密接に結びついており，一般座標と直接関係しないので，6.2 節の対応規則を修正する必要がある．まず，曲がった時空では，各点の接空間をミンコフスキー時空に対応するものと考えてスピノールを定義する．すなわち，点 P でのスピノールは，その点での接空間の正規直交基底ごとに値が決まり，正規直交基底の変換に対応するローレンツ変換に対してミンコフスキー時空のスピノールと同じ変換をする量の組として定義する．したがって，スピノール場は，テンソル場と同様，各点での正規直交基底を与えれば成分場 $\psi^{AB\cdots}(x)$ として記述される．このことを用いれば，テンソル場に対する共変微分をス

7.6 スカラー場とスピノール場

ピノール場に拡張することができる．まず，正規直交基底 e_a に対する接続形式を $\omega^a{}_b$ とすると，この基底に関する成分表示のもとでテンソル場 T の共変微分は

$$\nabla_\mu T = \left(\partial_\mu + \frac{1}{2}\omega_{ab\mu}\rho(M^{ab})\right)T \tag{260}$$

と表される．ここで，ρ は T の属する空間へのローレンツ群の線形表現，M_{ab} は式 (110) で与えられる無限小ローレンツ変換である．この式で，ρ をスピノール表現に置きかえれば，スピノール場に対する共変微分が得られる．たとえば，ディラックスピノール場 ψ に対しては，

$$\rho(M_{ab}) = -\frac{1}{4}[\gamma_a, \gamma_b] \tag{261}$$

となる．ただし，この共変微分を用いてディラック方程式を曲がった時空に一般化するには，$\gamma^\mu \nabla_\mu \psi$ が一般座標変換に対してスカラーとなるように γ^μ の定義を変更しなければならない．そのためには，γ^a をミンコフスキー時空の γ 行列として，単に

$$\gamma^\mu = \gamma^a e_a^\mu \tag{262}$$

と置けばよい．このとき

$$\gamma^\mu \gamma^\nu + \gamma^\nu \gamma^\mu = -2g^{\mu\nu} \tag{263}$$

が成り立つ．以上より，曲がった時空でのディラック方程式は

$$(i\gamma^\mu \nabla_\mu - m)\psi = 0 \tag{264}$$

となる．この方程式をワイルスピノールを用いて書くことも容易にできる．結果は，(135a) および (135b) において，$\partial_t \to e_0^\mu \nabla_\mu$, $\partial_j \to e_j^\mu \nabla_\mu$ と置き換えたものになる．

8章
重力場の方程式

8.1 アインシュタイン方程式

粒子の運動方程式や電磁場の方程式と異なり,重力場の方程式を決定するのに等価原理は使えない.そこで,アインシュタインは,重力場の方程式がつぎの3つの要請を満たすことを仮定した.

① ニュートンの重力理論における重力場の方程式

$$\Delta\phi = 4\pi G\mu \tag{265}$$

において,右辺の質量密度 μ をエネルギー運動量テンソル $T_{\mu\nu}/c^2$,左辺を計量テンソルからつくられる2階テンソルで置きかえた2階テンソル方程式で与えられる.

② 計量テンソルの準線形2階微分方程式である.

③ 相対論的効果が無視できるニュートン近似(後述)のもとでは,式 (265) が成り立つ.

これらの要請を満たす方程式は

$$G_{\mu\nu} + \Lambda g_{\mu\nu} = \frac{8\pi G}{c^4} T_{\mu\nu} \tag{266}$$

で与えられ,アインシュタイン方程式とよばれる.ここで,$G_{\mu\nu}$ は,リッチ曲率 $R_{\mu\nu}$ とスカラー曲率 R を用いて

$$G_{\mu\nu} = R_{\mu\nu} - \frac{1}{2}Rg_{\mu\nu} \tag{267}$$

と表される2階対称テンソルで，アインシュタインテンソルとよばれる．また，Λ は宇宙定数とよばれる定数である．

8.2 ニュートン極限

重力場が弱いときには，計量テンソル $g_{\mu\nu}$ がミンコフスキー計量 $\eta_{\mu\nu}$ でよく近似できる座標系が存在する．この座標系では

$$g_{\mu\nu} = \eta_{\mu\nu} + h_{\mu\nu}; \quad |h_{\mu\nu}| \ll 1 \tag{268}$$

が成り立つ．適当な座標系でこの条件が成り立ち，かつ，その座標系で物質の速度および物質場や重力場の空間的変化のスケールと時間的変化のスケールの比 L/T が光速に比べて小さいとき，ニュートン近似が成り立つという．これら速度の次元をもつ量と光速の比を代表的に β と表すと，ニュートン近似において粒子の運動方程式は

$$\ddot{x}^i = \frac{c^2}{2} \partial_i h_{00} + \mathrm{O}\left(\beta^2 \frac{c^2 h}{L}\right) \tag{269}$$

と表される．この式は，計量テンソルの時間成分 g_{00} とニュートンポテンシャル ϕ が

$$g_{00} = -1 - \frac{2\phi}{c^2} \tag{270}$$

により結びついていることを表している．一方，アインシュタイン方程式の00成分は，ニュートン近似で

$$\Delta h_{00} - 2\Lambda g_{00} = -\frac{8\pi G}{c^2} \mu \left(1 + \mathrm{O}(\beta^2) + \mathrm{O}(h)\right) + \mathrm{O}\left(\beta^2 \frac{h}{L^2}\right) \tag{271}$$

となる．したがって，宇宙定数が十分小さいとき，ニュートン近似のもとでアインシュタイン方程式からニュートンの重力方程式(265)が得られる．

8.3 変分原理による定式化

特殊相対性理論において物質に対する運動方程式や場の方程式が変分原理から得られる場合には，それらを曲がった時空へ拡張して得られる方程式，およびアインシュタイン方程式は，つぎの作用積分に対する変分方程式として表される．

$$S = S_G + S_M \tag{272}$$

$$S_G = \frac{c^3}{16\pi G} \int_M d^4x \sqrt{-g}(R - 2\Lambda) \tag{273}$$

$$S_M = \int_M d^4x \sqrt{-g} \mathcal{L}_M \tag{274}$$

ここで，S_G は重力場に対する作用積分でアインシュタイン–ヒルベルト作用積分とよばれる．また，$\mathcal{L}_M$ は物質に対するラグランジアン密度，S_M は対応する作用積分である．物質のエネルギー運動量テンソルは，この作用積分を用いて

$$T^{\mu\nu} = \frac{2c}{\sqrt{-g}} \frac{\delta S_M}{\delta g_{\mu\nu}} \tag{275}$$

と表される．たとえば，荷電粒子と電磁場からなる系に対する作用積分は

$$S_M = -m_0 c^2 \int d\tau + q \int dx^\mu A_\mu(x)$$
$$- \frac{\epsilon_0}{4c} \int_M d^4x \sqrt{-g} F_{\mu\nu} F^{\mu\nu} \tag{276}$$

スカラー場に対する作用積分は

$$S_M = \int d^4x \sqrt{-g} \left[-\frac{1}{2}(\nabla\Phi)^2 - U(\Phi) \right] \tag{277}$$

で与えられる．また，ディラック場に対する作用積分は

$$S_M = \int d^4x \sqrt{-g} \bar{\psi}(i\gamma^\mu \nabla_\mu - m_0)\psi \tag{278}$$

で与えられる．ここで，$\bar{\psi} = \psi^\dagger \gamma^0$ で，ψ と $\bar{\psi}$ の各成分は反可換，すなわち $\psi^\alpha(x)\bar{\psi}_\beta(y) = -\bar{\psi}_\beta(y)\psi^\alpha(x)$ という代数的性質をもつものとする．また，

この作用積分をエルミート共役量との平均をとることによりエルミートな作用積分に置き換えてもよい.

8.4 初期値問題

アインシュタイン方程式は，計量テンソルに対する場の方程式を与えるが，それを解く際には時間発展方程式の形に表すことが必要となる．この書きかえはつぎのようにして行われる．まず，計量を (3+1)-分解とよばれる形式

$$ds^2 = -N^2 dt^2 + q_{ij}(dx^i + \beta^i dt)(dx^j + \beta^j dt) \tag{279}$$

で表す．ここで，q_{ij} は時間 t が一定となる空間的な面 Σ_t の3次元計量である．一方，N は，Ndt が面 Σ_t と Σ_{t+dt} の垂直距離（固有時間差）を表すので，ラプス関数とよばれる．また，β^i は空間座標が一定となる方向と Σ_t の法線方向のずれを表すのでシフトベクトルとよばれる．Σ_t が t によらず同一の3次元多様体 Σ に微分同相であるとすると，時空多様体 $\mathcal{M}$ は時間と空間の積 $\mathbb{R} \times \Sigma$ に分解され，q_{ij} は Σ 上の時間 t をパラメータとする計量の系列とみなすことができる．また，N と β^i はそれぞれ Σ 上のスカラー関数およびベクトル場となる．以下，これら3次元空間 Σ 上のテンソルとみなされる量の添え字の上げ下げは q_{ij} を用いて行う．

このとき，q_{ij} により決まる Σ 上のリーマン接続に対応する共変微分を D_i として，

$$K^i_j = \frac{1}{2N}(-q^{ik}\partial_t q_{kj} + D^i \beta_j + D_j \beta^i) \tag{280}$$

と置くと，アインシュタイン方程式の ij-成分は

$$\frac{1}{N}(\partial_t - \mathcal{L}_\beta)K^i_j = KK^i_j - \frac{K^2}{4}\delta^i_j + {}^3R^i_j - \frac{{}^3R}{4}\delta^i_j$$
$$- \frac{1}{N}D^i D_j N - \kappa^2 q^{ik}T_{jk} \tag{281}$$

と表される．ここで，${}^3R_{ij}$ および ${}^3R$ は q_{ij} に対するリッチ曲率とスカラー

8.4 初期値問題

曲率,$K = K_i^i$,
$$\kappa^2 = \frac{8\pi G}{c^4} \tag{282}$$
である.K_j^i は,幾何学的には時間一定面の時空での曲がりを表すので,外部曲率とよばれる.一方,n を Σ_t の単位法ベクトルとして,アインシュタイン方程式の nn-成分および ni-成分は

$$^3R + K^2 - K_j^i K_i^j = \kappa^2 T_{nn} \tag{283a}$$
$$D_j K_i^j - D_i K = -\kappa^2 T_{ni} \tag{283b}$$

と表される.

これらの方程式は,q_{ij} と K_j^i を基本変数とみなすとき,N と β^i の時間微分を陽に含んでいない.したがって,N と β^i は任意に指定できる関数となる.これは,これらの量が上で述べたように時間座標と空間座標のとり方を指定する非力学的量であることと対応している.N と β^i およびエネルギー運動量テンソルを与えると,式 (281) は時間に関して q_{ij} に対する 2 階微分方程式となっている.したがって,初期時刻 $t = t_0$ において q_{ij} と $\partial_t q_{ij}$ を与えれば,解が決定される.これに対して,式 (283) は q_{ij} の時間に関する 2 階微分を含まないので,初期条件に対する制限となっている.そこで,方程式 (283) は拘束条件とよばれる.ビアンキ恒等式を用いると,発展方程式 (281) の解は,それが初期時刻で拘束条件を満たせば,任意の時刻でも拘束条件を満たすことが示される[15].

一般に,拘束条件を考慮しなければ,初期データは q_{ij} および K_j^i に対応する 12 個の関数により記述される.拘束条件は,これらのうち 4 個の成分に対する連立した楕円型方程式に帰着され,初期面を $K =$ 一定となるようにとり,空間座標を $T_{nj} = 0$ となるように選ぶと,漸近的に平坦な配位に対してはこれらの方程式は一意的な解をもつことがオムルー (N. O'Murchadha) とヨーク (W. Jr.York) により示されている[16]〜[18].残り 7 個の自由度のうち 3 個は初期面内の空間座標のとり方の自由度を表す.したがって,物理的に異なる初期条件の自由度は 4 個の関数で記述される.

9章
重 力 波

9.1 摂動方程式

ニュートン近似と同様に，重力場が弱いときには，適当な座標系のもとで時空計量のミンコフスキー計量からのずれ

$$h_{\mu\nu} = g_{\mu\nu} - \eta_{\mu\nu} \tag{284}$$

は小さく，その振る舞いはアインシュタイン方程式の $h_{\mu\nu}$ に関する線形近似で記述される．この線形近似は，ミンコフスキー時空からの線形摂動とよばれる．ただし，座標変換に対して $g_{\mu\nu}$ がテンソルとして変換するのに対して，$\eta_{\mu\nu}$ は座標系に依存しない単なる数の組とみなしているので，$h_{\mu\nu}$ は定義に用いる座標系に依存する．この $h_{\mu\nu}$ の自由度は，明らかに物理的な意味をもたないので，線形摂動のゲージ自由度とよばれる．このゲージ自由度のために，$h_{\mu\nu}$ に対する摂動方程式は，基準とする座標の無限小変換 $\delta x^\mu = \xi^\mu$ に対応するゲージ変換

$$\delta h_{\mu\nu} = -\mathcal{L}_\xi g_{\mu\nu} = -\partial_\mu \xi_\nu - \partial_\nu \xi_\mu \tag{285}$$

で不変となる．

$$\psi_{\mu\nu} = h_{\mu\nu} - \frac{1}{2} h \eta_{\mu\nu}; \quad h = h_\mu^\mu \tag{286}$$

と置くとき，調和ゲージとよばれるゲージ条件

$$\partial^\nu \psi_{\nu\mu} = 0 \tag{287}$$

でこのゲージ自由度を固定すると，$h_{\mu\nu}$ に対する摂動方程式は

$$\Box \psi_{\mu\nu} = -2\kappa^2 T_{\mu\nu} \tag{288}$$

と表される．この方程式は，エネルギー運動量テンソルを源とする波動方程式となっており，時空構造のゆらぎが波動として光速で伝播することを表している．この波動は重力波とよばれる．

ただし，調和ゲージは $\psi_{0\mu}$ を ψ_{ij} から決める方程式となっており，このことを考慮すると，上記の波動方程式の 0μ 成分は実際には楕円型の方程式

$$\Delta \psi_{00} - \partial^i \partial^j \psi_{ij} = -2\kappa^2 T_{00} \tag{289a}$$

$$\Delta \psi_{0i} - \partial_0 \partial^j \psi_{ij} = -2\kappa^2 T_{0i} \tag{289b}$$

となる．これらの方程式は，初期値問題における拘束条件と対応しており，ある時刻で満たされれば，任意の時刻で満たされる．さらに，調和ゲージはゲージを完全には固定せず，$\Box \xi^\mu = 0$ の解 ξ^μ に対応する残留ゲージ自由度を残している．したがって，重力波の独立な自由度は $6 - 4 = 2$ となり，その初期条件は一般の場合の初期値問題と同様，初期面における 4 個の任意関数で記述される．

以上では，ミンコフスキー時空からの線形摂動を考えたが，アインシュタイン方程式を満たす一般の時空からの線形摂動についても同様の議論を行うことができる [19), 20)]．

9.2　重力場のエネルギー

7.4 節でふれたように，一般相対性理論では，物質のみに対する全エネルギー運動量保存則は一般に成り立たない．しかし，物質と重力場のエネルギー運動量の和に対する局所的な保存則は存在する．じつは，そのような保存則は無限個存在する．その理由は，ξ^μ を任意のベクトル場として，

$$\nabla_\mu \left(G^\mu_\nu \xi^\nu + \kappa^2 \tau^\mu[\xi] \right) = 0 \tag{290}$$

9.2 重力場のエネルギー

という形の恒等式が成り立つためである[21),22)]. ここで, $\tau^\mu[\xi]$ は, 時空計量 $g_{\mu\nu}$, ξ および補助的な時空計量 $g^0_{\mu\nu}$ に依存したベクトル場である. アインシュタイン方程式が成り立つと, この恒等式より

$$\nabla_\mu(T^\mu_\nu \xi^\nu + \tau^\mu[\xi]) = 0 \tag{291}$$

を得るので, エネルギー運動量の "ξ 方向成分" の局所保存則が得られる. この保存則では, τ^μ は重力場の寄与を表す. τ^μ の表式は一意的でなく, これまでにさまざまなものが提案されているが, その多くは2階反対称テンソル $U^{\mu\nu}$ を用いて

$$2G^\mu_\nu \xi^\nu + 2\kappa^2 \tau^\mu[\xi] = \nabla_\nu U^{\mu\nu} \tag{292}$$

と表される. この表式は, 左辺の発散がゼロとなることを自動的に保証する. もっともよく用いられるのは, 適当な座標系において, 補助計量が $g^0_{\mu\nu} = \eta_{\mu\nu}$, $U^{\mu\nu}$ が

$$U^{\mu\nu} = \partial_\alpha[(-g)(g^{\mu\beta}g^{\nu\alpha} - g^{\nu\beta}g^{\mu\alpha})](-g)^{-1}\xi_\beta \tag{293}$$

と表されるものである. とくに, 同じ座標系において ξ^μ が $\sqrt{-g}$ と定ベクトルの積となるとき, 対応する τ^μ は $\tau^\mu = \tau^{\mu\nu}_L \xi_\nu$ と表されることが示される. この $\tau^{\mu\nu}_L$ は, 重力場のエネルギー運動量テンソルに対応するが, 線形でない座標変換に対してはテンソルとして振る舞わないので, ランダウ–リフシッツ擬テンソルとよばれる[23)].

ランダウ–リフシッツ擬テンソルを用いると, 時空内の空間的超曲面 Σ に対して, Σ 上のエネルギー運動量の ξ 成分が

$$P[\xi;\Sigma] = \frac{1}{c}\int_\Sigma d\Sigma_\mu (T^\mu_\nu \xi^\nu + \tau^\mu_L[\xi]) \tag{294}$$

により定義される. $U^{\mu\nu}$ の定義と公式 (227) およびストークスの定理より, この量は

$$P[\xi;\Sigma] = \frac{c^3}{32\pi G}\int_{\partial\Sigma} *U_{\mu\nu} dx^\mu \wedge dx^\nu \tag{295}$$

と書きかえられる. すなわち, Σ 上の全エネルギー運動量はその境界上で

の状態で決まってしまう.

このように,有界な3次元面に対して保存的な全エネルギー運動量を定義することは可能であるが,それを有界でない3次元領域に拡張することは一般にできない.それは,一般には $\partial\Sigma$ を無限遠にもっていくと,式 (295) の右辺が有限な極限をもたないことによる.例外は,時空が無限遠でミンコフスキー時空に近づく場合である.このような時空は,漸近的に平坦とよばれるが,その厳密な定義は取り扱う問題に応じて多様である.たとえば,上記の $U^{\mu\nu}$ の表式が成り立つ座標系において,ミンコフスキー計量に関する時間座標 t と球座標 (r,θ,ϕ) のもとで,計量テンソルが十分大きな r に対して

$$\sqrt{-g}g^{\mu\nu} = \eta^{\mu\nu} + \frac{1}{r}\psi^{\mu\nu}_{(1)}(t,\theta,\phi) + \mathrm{O}(r^{-2}) \tag{296}$$

と振る舞うとすると,全エネルギー $E = cP^0$ は有限となり,

$$E = \frac{c^4}{16\pi G}\lim_{r\to\infty}\int_{S(r)}\mathrm{d}\Omega\, r(\partial_k\psi^{jk}_{(1)} - \partial^j\psi^{00}_{(1)})n_j \tag{297}$$

で与えられる [22].ここで,$S(r)$ は半径 r の球面,n^j はその単位法ベクトルである.時空の無限遠での振る舞いについて,さらにいくつかの付加的条件を付け加えれば,ベクトル場 ξ として無限遠で空間的な並進および回転を表すものを用いることにより,全運動量や全角運動量を定義することができる [24].

ランダウ–リフシッツ擬テンソルを用いて定義された全エネルギー運動量は,天体から放出される重力波のエネルギーを表すのにも用いることができる.ただし,この場合には,重力波が光速で伝播するので,上のように $t =$ 一定面ではなく,$t-r =$ 一定面に沿って $r \to \infty$ の極限をとる必要がある.天体が単位時間あたりに放出する重力波のエネルギー $\dot{E}$ は,一般に,$\psi_{\mu\nu}$ の2次式の無限遠での積分となるが,とくに,重力波源となる物質の運動が非相対論的で有界領域にかぎられている場合には,天体のエネルギー密度 ρ の4重極モーメント

9.2 重力場のエネルギー

$$c^2 D_{jk}(t) = \int d^3\boldsymbol{r}\, \rho(t,\boldsymbol{r})(3x_j x_k - r^2 \delta_{jk}) \tag{298}$$

を用いて,

$$\dot{E} = \frac{G}{45c^5}\, \dddot{D}_k^j\, \dddot{D}_j^k \tag{299}$$

と表される[22),23)]. この式はランダウ–リフシッツの4重極公式とよばれる.

以上のランダウ–リフシッツ擬テンソルを用いて定義された全エネルギー・運動量が物理的に自然なものであることは, 弱場近似で求めた天体のまわりの重力場解を用いて, 式 (297) から求めた質量が天体の質量と一致することにある. また, 一般に,

① 時空が漸近的に平坦である.
② $\Lambda = 0$ で物質が強エネルギー条件, すなわち任意の未来向き時間的ベクトル V^μ に対して $-T^{\mu\nu}V_\nu$ がやはり未来向きの時間的ベクトルとなるという条件を満たす.
③ 時空が (ホライズンがある場合は, その上ないし外で) 正則である.

という3つの条件が成り立てば, つねに $E \geq c|\boldsymbol{P}|$ が成り立ち, かつ等号はミンコフスキー時空に対してのみ成り立つ. これは, シェーン–ヤウ (Schoen–Yau) およびウィッテン (E. Witten) によりまったく異なる方法で独立に証明された数学的定理で, 正エネルギー定理とよばれる[25)〜28)].

10章
ブラックホール

10.1 定常時空

時間的なキリングベクトル ξ をもつ時空は定常時空とよばれる．空間座標 x^i が ξ に沿って一定で $\xi = \partial_t$ となるように座標系をとると，定常時空の計量は x^i のみに依存する $g_{\mu\nu}$ を用いて

$$ds^2 = g_{tt}dt^2 + 2g_{tj}dtdx^j + g_{jk}dx^j dx^k \tag{300}$$

と表される．とくに，適当な t 座標の変換 $t \to t + f(x^j)$ により $g_{tj} = 0$ とできるときには，時空は静的とよばれる．

$$\omega^\mu = \frac{1}{3!}\epsilon^{\mu\nu\lambda\sigma}\xi_\nu \nabla_\lambda \xi_\sigma \tag{301}$$

と置くと，時空が静的である条件は $\omega^\mu = 0$ と表される[22]．一般に，回転する天体がつくる重力場に対しては $\omega^\mu \neq 0$ となるので，ω は時空の回転を表す．

定常な重力場中での光線の軌道は，時間に依存しない．このため，空間の点 P から時刻 t_P と $t_P + dt_P$ に出た光が点 Q に達する時刻を t_Q, $t_Q + dt_Q$ とすると，$dt_Q = dt_P$ が成り立つ．したがって，点 P に静止した光源から出た光の固有時に関する振動数を ν_P，その光を点 Q に静止した観測者が測った固有時に関する振動数を ν_Q とすると，

$$\nu_P(-g_{tt}(P))^{1/2} = \nu_Q(-g_{tt}(Q))^{1/2} \tag{302}$$

が成り立つ．たとえば，球対称な天体のつくる重力場に対して，重力場が弱く，g_{tt} が重力ポテンシャル $\phi = -GM/r$ を用いて $g_{tt} \simeq -1 - 2\phi/c^2$ と表される場合には，

$$\nu_Q - \nu_P \simeq -\frac{2GM}{c^2}\left(\frac{1}{r_P} - \frac{1}{r_Q}\right)\nu_P \tag{303}$$

を得る．したがって，天体の表面から出た光は外部の静止した観測者に対して赤方偏移を起こす．この赤方偏移は重力赤方偏移とよばれる．

10.2 球対称時空

等長変換群が SO(3) と同型な部分群 G をもち，G の軌道，すなわち各点 P の G に属する変換による像の集合が空間的な 2 次元球面 (ないし 1 点) となるとき，時空はであるという．球対称時空の計量は 2 変数 (t,χ) のみの関数 A, B, r を用いて

$$ds^2 = Adt^2 + Bd\chi^2 + r^2 d\Omega^2 \tag{304}$$

と表される．ここで，$d\Omega^2$ は 2 次元単位球面の計量で，球座標 (θ, ϕ) を用いて $d\Omega^2 = d\theta^2 + \sin^2\theta d\phi^2$ と表される．ただし，計量がこの形で書けるという条件だけでは (t,χ) 座標は完全には固定されず，一般には 1 個の (t,χ) の任意関数で表される座標変換の自由度が残る．この自由度を取り除くと，計量は 2 個の独立な 2 変数関数で記述される．たとえば，$(\nabla r)^2 \neq 0$ の場合は，この自由度を使って $\chi = r$ ととることができる．

アインシュタイン方程式は，これらの計量成分に対する偏微分方程式となり，一般にはその解を閉じた形で表すことはできない．しかし，アインシュタイン–マクスウェル系，すなわち物質としてたかだか電磁場しか存在しない系に対しては，厳密な一般解を求めることができ，$\nabla r \neq 0$ となるものは

$$ds^2 = -f(r)c^2 dt^2 + \frac{dr^2}{f(r)} + r^2 d\Omega^2 \tag{305}$$

$$f(r) = 1 - \frac{2m}{r} + \frac{q^2}{r^2} - \frac{1}{3}\Lambda r^2 \tag{306}$$

と表される [15]. ここで, Λ は宇宙定数, q は源の全電荷 Q と真空の誘電率 ϵ_0 を用いて $q^2 = GQ^2/(4\pi c^4 \epsilon_0)$ と表される. また, m は, g_{tt} とニュートンポテンシャルとの対応 (270) より, 重力源の質量 M を用いて $m = GM/c^2$ と表される. この質量は, ランダウ–リフシッツ擬テンソルを用いて定義された全エネルギー (297) と $E = Mc^2$ の関係にある. この解は $\Lambda = 0, q = 0$ のときシュヴァルツシルト解, $\Lambda = 0, q \neq 0$ のときライスナー–ノルドストレム解とよばれる. また, $m = q = 0$, $\Lambda \neq 0$ のとき, この解は (211) と一致し, $\Lambda > 0$ のときドジッター時空 $\mathrm{d}S^4$ の一部の領域を, また, $\Lambda < 0$ のときは反ドジッター時空を特別の座標系で表したものと一致する. そこで, $\Lambda \neq 0$ に対応する解は, $\Lambda = 0$ の対応する解の名前にドジッターや反ドジッターという修飾子をつけた名前でよばれる. たとえば, $\Lambda > 0, q = 0$ の解はドジッター–シュヴァルツシルト解, $\Lambda < 0, q \neq 0$ の解は反ドジッター–ライスナー–ノルドストレム解という具合である.

一般解 (306) の重要な特徴は, それが静的なことである. じつは, 式 (306) 以外にも r が定数となる解が存在して, それらは 2 次元定曲率時空と 2 次元定曲率空間の積で表される. この解の系列は, 成相解とよばれるが [29], これもやはり静的である. このように, アインシュタイン–マクスウェル系に対する球対称解が, 電磁場以外の重力源が存在しない領域で必ず静的となる事実はバーコフ (G. D. Birkhoff) の定理とよばれる. バーコフの定理は, 球対称性と整合的であるかぎり局所的な主張である. たとえば, 球対称な天体のつくる重力場は, たとえ天体が膨張や収縮している場合でも, その外側では上記の静的な解で記述される.

10.3 球対称ブラックホール

シュヴァルツシルト解の計量は，$r \to \infty$ で極座標で表したミンコフスキー計量に近づくので，漸近的に平坦な時空を表し，$r_\mathrm{H} = 2m$ として，$r > r_\mathrm{H}$ では正則であるが，$r = r_\mathrm{H}$ では $f(r_\mathrm{H}) = 0$ より特異となる．これは，じつは見かけの特異性である．これをみるために，(t,r) 座標の代わりに，

$$UV = r_\mathrm{H}(r_\mathrm{H} - r)\mathrm{e}^{r/r_\mathrm{H}}, \quad |U/V| = \mathrm{e}^{-t/r_\mathrm{H}} \tag{307}$$

で定義されるクルスカル–ツェケレス座標系 (U,V) を導入する．t,r を U,V の関数とみなすと，r は $UV < r_\mathrm{H}^2$ で，t は $UV \neq 0$ で正則となる．この (U,V) 座標系を用いて計量を表すと

$$\mathrm{d}s^2 = -\frac{4r_\mathrm{H}}{r}\mathrm{e}^{-r/r_\mathrm{H}}\mathrm{d}U\mathrm{d}V + r^2\mathrm{d}\Omega^2 \tag{308}$$

となり，$r = r_\mathrm{H}$ で何ら特異性をもたない．この (U,V) 座標を用いて $r < r_\mathrm{H}$ に正則に拡張された球対称真空解の表す時空は，極大シュヴァルツシルト時空とよばれる．

図4に示したように，極大シュヴァルツシルト時空では，$r = r_\mathrm{H}$ は $U = 0$

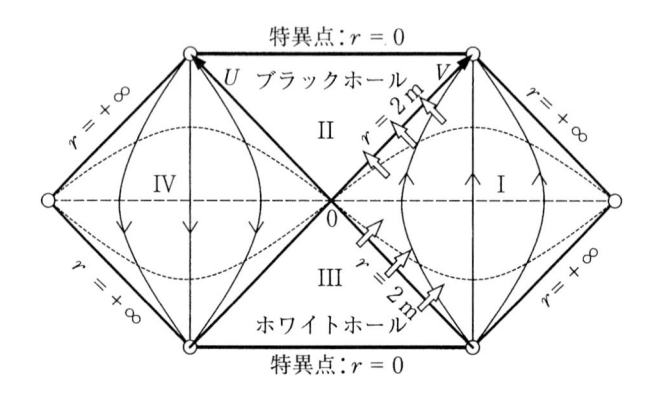

図 4 極大シュヴァルツシルト時空

およびV = 0という2つの光的面となる（この図では，時空全体の構造を見やすくするために，$-\infty < U < \infty$, $-\infty < V < \infty$ が有限な矩形となるようにU, Vをスケールしている）．全時空は，この面によりI〜IVの4つの領域に分けられ，IとIV，IIとIIIは等長変換$(U, V) \to (-U, -V)$で互いに移り合うので，まったく同じ構造をもつ．元の(t, r)座標系で半径$R =$一定$(\gg r_H)$の天体の外部に相当する領域は，Iの$r > R$ないしIVの$r > R$の部分となる．いずれの記述も同等である．そこで，極大シュヴァルツシルト時空において，領域Iにいる観測者を基準にして考えることにすると，領域IないしIII内の時空点からの情報はこの観測者に伝わるが，領域IIないしIV内の時空点からの情報は観測者に到達しない．$U = 0$面の$V > 0$の部分はちょうどその境界となっている．すなわち，時空において領域I内の観測者が観測可能な領域の限界面となっていて，領域Iの未来に位置する．そこで，この面は未来のホライズン（事象地平線）とよばれる．また，それと空間的な3次元面との交わりである2次元球面は，情報が内向きにしか通過できない面という意味でブラックホールとよばれる．これに対して，未来のホライズンの時間反転である$V = 0$面の$U < 0$の部分は過去のホライズンとよばれる．情報はつねにこの面の内部からその外部である領域Iに向かってしか伝わらないので，過去のホライズンと空間的3次元面との交わりとなる2次元球面はホワイトホールとよばれることがある．

シュヴァルツシルト時空のホライズンは，半径が一定の光的面で，時間推進で不変となっている．とくに，キリングベクトルξは，それに接する光的ベクトルとなる．一般に，キリングベクトルが光的な接ベクトルとなる定常時空の光的超曲面は，キリングホライズンとよばれる．シュヴァルツシルト時空ではキリングホライズンと事象の地平線は一致するが，一般のブラックホール時空では両者は必ずしも一致しない．たとえば，ライスナー–ノルドストレム解は$m^2 > q^2$のとき，2つのキリングホライズン

$$r = r_\pm = m \pm \sqrt{m^2 - q^2} \qquad (309)$$

をもつが,そのうち $r=r_+$ が $r=\infty$ を含む領域に対する事象の地平線となる.

10.4 エルンスト形式

等長変換群が空間回転に対応する SO(2) と同型な部分群 G をもち,G の軌道が閉じた円 (ないし点) となるとき,時空は軸対称であるという.軸対称なアインシュタイン方程式の解を求めることは,球対称の場合よりはるかに困難で,真空の場合でもバーコフの定理に対応する定理は存在しない.ただし,時空が真空定常軸対称で漸近的に平坦な場合には,問題が少し簡単化される.まず,定常性に対応する時間推進のキリングベクトルを ξ,空間回転に対応するキリングベクトルを η とすると,ξ と η は可換となり,時空計量は

$$ds^2 = e^{-2U}[e^{2k}(d\rho^2 + dz^2) + \rho^2 d\phi^2] - e^{2U}(dt + A d\phi)^2 \qquad (310)$$

と表される.ここで,U, k, A は ρ と z のみの関数である.これらの関数はエルンストポテンシャルとよばれる 1 個の複素関数 $\mathcal{E}(\rho, z)$ を用いて

$$e^{2U} = \mathrm{Re}\,\mathcal{E} \qquad (311\mathrm{a})$$

$$\partial_\zeta A = i\rho e^{-4U} \partial_\zeta (\mathrm{Im}\,\mathcal{E}) \qquad (311\mathrm{b})$$

$$\partial_\zeta k = \frac{\rho}{2} e^{-4U} \partial_\zeta \mathcal{E} \partial_\zeta \bar{\mathcal{E}} \qquad (311\mathrm{c})$$

と表される.ここで,$\partial_\zeta = (1/2)(\partial_\rho - i\partial_z)$ である.アインシュタイン方程式は,平坦な 2 次元時空 (ρ, z) 上の $\mathcal{E}$ に対するつぎの偏微分方程式に帰着される.

$$e^{2U} \rho^{-1} \partial \cdot (\rho \partial \mathcal{E}) = \partial \mathcal{E} \cdot \partial \mathcal{E} \qquad (312)$$

この方程式はエルンスト方程式,また以上の定式化はエルンスト形式とよばれる[30].エルンスト形式は,電磁場を含む場合にも拡張可能である[15,31].

10.5 ワイルクラス

静的な軸対称真空解に対しては，エルンスト形式はさらに簡単化される．まず，時空が静的であるときには，計量 (310) において，座標変換により $A=0$ とすることができる．このとき，エルンスト方程式は U に対する楕円型線形偏微分方程式

$$\left(\partial_\rho^2 + (1/\rho)\partial_\rho + \partial_z^2\right)U = 0 \tag{313}$$

となる．したがって，真空で静的軸対称な場合には，アインシュタイン方程式の一般解を（級数の形で）求めることが可能となる．

方程式 (313) は線形であるので，ワイルクラスでは 2 つ以上の解の重ね合せにより新しい解を構成することができる．たとえば，シュヴァルツシルト解はワイルクラスに属するが，それを用いて z 軸上にさまざまな質量のシュヴァルツシルトブラックホールが並んだ解を構成することができる．このタイプの解はイスラエル–カーン解とよばれる[32]．シュヴァルツシルト解以外のイスラエル–カーン解は，つねに z 軸上に裸の特異点，すなわちホライズン外の観測者に影響を及ぼす特異点をもつ．

10.6 定常軸対称ブラックホール

非静的な場合には，エルンスト方程式（およびその電磁場を含む一般化）の一般解を閉じた形で求めることはできないが，いくつかの厳密解の系列は求められている．そのなかで応用上もっとも重要なものは，カー–ニューマン解とよばれるもので，その時空計量は球座標系 (t, ϕ, r, θ) を用いて

$$ds^2 = -\frac{\Delta\Sigma^2}{\Gamma}c^2 dt^2 + \frac{\Gamma\sin^2\theta}{\Sigma^2}(d\phi - \Omega dt)^2 + \Sigma^2\left(\frac{dr^2}{\Delta} + d\theta^2\right) \tag{314}$$

と表される[15),29)]．ここで，

$$\Delta = r^2 - 2mr + a^2 + q^2 \tag{315a}$$

$$\Sigma^2 = r^2 + a^2 \cos^2\theta \tag{315b}$$

$$\Gamma = (r^2 + a^2)^2 - a^2 \Delta \sin^2\theta \tag{315c}$$

$$\Omega = \frac{a(2mr - q^2)}{c\Gamma} \tag{315d}$$

m, q, a は定数である．この解は，$a = 0$ のときライスナー–ノルドストレム解と一致する．したがって，m は質量を，q は電荷を表すパラメータである．これに対して，この解に対する全角運動量 J を評価すると $J = acM$ を得る．したがって，a は角運動量を表すパラメータで，$a \neq 0$ の解は回転するブラックホール時空を記述すると考えられる．

実際，$m^2 > a^2 + q^2$ のときには，ライスナー–ノルドストレム解と同様に，この解が表す時空は 2 つのキリングホライズン

$$\Delta = 0 \Leftrightarrow r = r_\pm = m \pm \sqrt{m^2 - a^2 - q^2} \tag{316}$$

をもち，$r = r_+$ は無限遠に対する事象の地平線となり，$r > r_+$ では時空は特異性をもたないことが示される．これに対して，$m^2 < a^2 + q^2$ のときには，キリングホライズン，したがって事象の地平線は存在せず，裸の特異点をもつ[33],[34]．

時間推進のキリングベクトルを ξ とすると，重力赤方偏移の議論より，$\xi \cdot \xi = g_{tt} = 0$ となる面から出た光は無限の赤方偏移を受ける．そこで，この面は無限赤方偏移面とよばれる．静的ブラックホール時空では事象の地平線は同時に無限赤方偏移面となっている．これに対して，回転するブラックホール解では，両者は一致せず，無限赤方偏移面は事象の地平線の外側に現れる．これら 2 つの面で囲まれた領域はエルゴ領域とよばれる．漸近的に平坦な定常時空では，p^μ を粒子の 4 元運動量として，$\xi \cdot p$ は保存され，無限遠で通常のエネルギーと一致する．エルゴ領域では，$\xi \cdot \xi > 0$，すなわち時間推進を表すキリングベクトルが空間的となるので，この無限遠からみた粒子のエネルギー $\xi \cdot p$ は負となり得る．このため，エルゴ領域の外

からやってきた粒子 A がそれよりエネルギーの大きな粒子 B と負のエネルギーをもつ粒子 C に分裂することが可能となる．粒子 C はブラックホールに吸収され，その質量を減少させるので，最終的にブラックホールからエネルギーを取り出すことが可能となる．このような物理過程はペンローズ過程とよばれる [19],[35],[36]．ペンローズ過程は回転するブラックホールに特有のもので，ブラックホールにより引き起こされる活動的天体現象で重要な役割を果たす可能性がある．

10.7　剛性定理と一意性定理

　バーコフの定理より，球対称真空解は必ず静的となるが，じつはこの逆に相当する定理が成立する．すなわち，たかだか電磁場しか存在しない系に対して，アインシュタイン方程式の静的で漸近的に平坦な解は，もしホライズン上およびその外で正則ならば必ず球対称となる．この定理は，静的時空に対する剛性定理とよばれ，最初，ホライズンの位相などについての付加的な仮定のもとでイスラエル (W. Israel) により証明され，その後，ミュラー–ツームハーゲン (H. Müller zum Hagen) による改良を経て，最終的にバンティング (G.L. Bunting)，マスードアルアラム (A.K.M. Masood-ul Alam)，クルシェル (P.T. Chrusciel) らによってこれらの付加的仮定なしに成り立つことが正エネルギー定理を用いて示された [37],[38]．この剛性定理と球対称解についての結果を組み合わせると，アインシュタイン–マクスウェル系に対する静的で漸近的に平坦な正則ブラックホール解は（シュヴァルツシルト解を含めた）ライスナー–ノルドストレム解のみであるという結論が得られる．この結果は，静的ブラックホール解に対する一意性定理とよばれる．

　アインシュタイン–マクスウェル系の定常回転ブラックホールに対しても類似の定理が成り立ち，定常かつ漸近的に平坦な回転正則解は軸対称となる．この定常時空に対する剛性定理は最初，時空計量の解析性とホライズ

ンの位相についての仮定のもとでホーキングにより示された[34]．このホライズンについての仮定は，その後クルシェルとウォルド (R. Wald) により取り除かれた[39]．さらに，この剛性定理に基づいて，アインシュタイン–マクスウェル系に対する定常で漸近的に平坦な正則ブラックホール解は，カー–ニューマン解にかぎられることがカーター (B. Carter) らによりエルンスト形式を用いて示された[37]．この結果は，定常ブラックホール解に対する一意性定理とよばれる．ただし，この定理は，キリングホライズンが分岐型，すなわち交差する未来のホライズンと過去のホライズンからなるという仮定のもとで成り立つ．たとえば，カー–ニューマン解の場合，この条件は $m^2 > a^2 + q^2$ と同等である．また，スカラー場や非可換ゲージ場などの電磁場以外の場が存在する系に対しては，ブラックホールの一意性定理は一般には成り立たない[40]．

10.8 ブラックホール熱力学

カー–ニューマンブラックホールの表面積 A は

$$A = 4\pi(r_+^2 + a^2) \tag{317}$$

で与えられる．ブラックホールの質量 M，角運動量 J および電荷 Q を変化させたとき，この面積は

$$\frac{\kappa c^2}{8\pi G}dA = dMc^2 - \Omega_{\rm H}dJ - \Phi_{\rm H}dQ \tag{318}$$

に従って変化する[36],[41]．ここで，$\Omega_{\rm H}$ は (315d) で定義される Ω のホライズン $r = r_+$ での値でブラックホールの回転角速度とよばれる．また，$\Phi_{\rm H}$ はブラックホール上の回転軸の位置 $r = r_+, \theta = 0$ での電気ポテンシャルの値

$$\Phi_{\rm H} = \frac{1}{4\pi\epsilon_0}\frac{Qr_+}{r_+^2 + a^2} \tag{319}$$

10.8 ブラックホール熱力学

でブラックホールの電位とよばれる.さらに,κはブラックホールの表面重力加速度とよばれる量で,

$$\kappa = c^2 \frac{\sqrt{m^2 - a^2 - q^2}}{r_+^2 + a^2} \tag{320}$$

で与えられる.

式 (318) の右辺の第 2 項と第 3 項は電荷をもつ回転物体が角運動量や電荷が変化するときに,外部にする仕事 dW と一致している.したがって,ブラックホールがその面積 A に比例するエントロピー S と表面重力加速度 κ に比例した温度 T をもつとすると,ブラックホールに対して可逆過程に対する熱力学の第 2 法則 $TdS = dE + dW$ が成り立つことになる.さらに,任意の光的ベクトル V に対して物質のエネルギー運動量テンソルが $T_{\mu\nu}V^\mu V^\nu \geq 0$ を満たせば,動的なブラックホールの表面積は決して減少しないことがホーキング (S. Hawking) により示されているが (ブラックホールの面積増大則)[34],これは表面積をエントロピーとみなすと,非可逆過程に対する熱力学の第 2 法則と対応する.これらの対比から,1973 年にベッケンシュタイン (J. Bekenstein) は,ブラックホールにも熱力学が適用できるとする提案を行った[42].古典論ではブラックホールが物質を吸収するのみで放出しない面であることを考えると,この提案はかなり異常なものに思われた.しかし,その 2 年後,ホーキングは定常ブラックホールにおける量子場の振る舞いを研究し,量子論では定常ブラックホールが温度

$$k_B T_H = \frac{\hbar \kappa}{2\pi c} \tag{321}$$

の定常熱放射を放出することを示した[43].この熱放射は現在,ホーキング放射とよばれる.シュヴァルツシルトブラックホールに対しては,T_H は質量に逆比例する.この結果は,ベッケンシュタインのアイデアを正当化するもので,ブラックホールのエントロピーを面積で表す公式 (ベッケンシュタイン–ホーキング公式)

$$\frac{S}{k_B} = \frac{c^3}{4G\hbar} A \tag{322}$$

を与える.この公式には,現在,超弦理論を用いた統計物理的な意味づけが与えられている [44].

　ブラックホールが熱放射を出すとすると,全エネルギー保存則より,ブラックホールは負のエネルギーを吸収してその質量が次第に減少し,最終的には消滅することになる.この過程は,ブラックホールの蒸発とよばれる.蒸発時間はシュヴァルツシルトブラックホールに対しては質量の3乗に比例し,$M = 10^{15}$g に対して宇宙年齢140億年程度となる.

10.9　宇宙検閲仮説

　一見特異な定常解であるブラックホール解が物理的な重要性をもつのは,ブラックホールが実際に宇宙でつくられ存在していると考えられるためである.実際,直接的な証拠はまだ存在しないが,現在ではさまざまな間接的な証拠が存在する.とくに,白色矮星や中性子星など電子や中性子の縮退圧で支えられる星に $1 \sim 2M_\odot$ 程度の上限質量(チャンドラセカール質量)が存在することは,ブラックホールの存在を支持するもっとも強い理論的事実である [22],[53].なぜなら,この上限質量を超えた星が進化の最終段階で収縮を始めるとかぎりなく収縮を続け,最終的に星の半径がその質量と角運動量により決まるホライズン半径より小さくなってしまうからである(重力崩壊).これは,ブラックホールが生成されることを意味する.実際,さまざまな数値計算で太陽質量の30倍程度より重い星では,少なくとも中心部でこのような重力崩壊が起きることが示されている.ブラックホールの一意性定理は,この重力崩壊の最終産物が質量と角運動量(と電荷)により完全に決まることを意味する.この帰結は,ガンマ線バースター,X線天体,活動的銀河核などブラックホールが引き起こすと考えられている高エネルギー天体現象の研究において重要な役割を果たしている [54].

　この議論にはじつは1つ大きな前提がある.それは,ホライズンの外に時空特異点が存在しないという仮定である.ホライズンは無限遠にいる観

10.9 宇宙検閲仮説

測者が見ることのできる時空領域の境界なので，これは無限遠の観測者に影響を与える特異点，すなわち裸の特異点が存在しないという仮定である．この仮定はブラックホールの一意性定理にとって決定的な重要性をもつ．実際，静的な軸対称真空解に対するワイル理論から直ちにわかるように，裸の時空特異点を許すと，漸近的に平坦な真空解は無限に存在する．そこで，ペンローズは1969年に，現実的な系では一般的な初期条件に対して重力崩壊は裸の特異点を生み出さないという予想（弱い宇宙検閲仮説）を提案した．物理系の安定性を保証する正エネルギー定理もこの仮定のもとでのみ成立する．

ペンローズとホーキングにより，エネルギーの正値性，因果律などいくつかの一般的仮定のもとで重力崩壊は必ず特異点を生み出すことが示されている（特異点定理）[34),36]．したがって，宇宙検閲仮説は，この特異点が現実の系ではブラックホールホライズンの中に隠されるであろうという予想で，その正当性は決して明らかでない．実際，その証明は未だに存在せず，逆に球対称系では多くの反例が存在する[55]．

また，宇宙検閲仮説と密接に関連した研究成果として，重力崩壊における臨界現象の発見が挙げられる．広がったスカラー場の波が中心に収束する現象を重力も考慮して調べると，入射スカラー場の波形を固定して振幅を変化させたとき，振幅が小さいときには波は一旦中心付近に集まった後，単に再び広がっていく結果が得られる．しかし，振幅を次第に大きくしていくとある臨界値を超えたとき中心にブラックホールがつくられるようになる．このさい，振幅が臨界値に近いほどつくられるブラックホールの質量は小さくなり，ちょうど臨界値でゼロとなる．このとき，臨界値近傍でのブラックホール質量は振幅のべき関数となるが，そのべき指数は入射スカラー場の波形には依存しない．また，臨界値近傍ではスカラー場は収束点近傍で特有の準周期的な振る舞いをする．この現象は最初，チョップツイック(M.W. Choptuik)により球対称なスカラー場の重力崩壊の数値計算において発見され[56]，その後さまざまな系で類似の結果が得られた[57]．

この臨界現象で興味深いことは，ブラックホール質量 M がゼロに近づくと，その近傍での時空曲率が $1/M^2$ に比例してかぎりなく大きくなることである．もちろん，ちょうど臨界値に一致する初期条件は特殊なものとなるため，この現象でも裸の特異点が生成されるのは一般的でない．しかし，質量が臨界値に近い初期条件は初期値空間の中で開領域となり，一般的といえる．したがって，この意味で一般的な初期条件に対して，かぎりなく曲率の大きな領域が時間発展により生成されることになり，実質的に宇宙検閲仮説は破れているといえる．ただし，臨界現象では大きな曲率は小さな質量により生み出されるので，その物理的な作用は小さいと予想される．宇宙検閲仮説を破る球対称系での例も類似の性質をもつ．これに対し，これまでのところ，現実の自然現象で重大な効果を生み出すような特異点が生成されるということを明確に示す例は知られていない．

11章
相対論的宇宙モデル

11.1 ロバートソン–ウォーカー宇宙

宇宙モデルとして,もっとも基本的なものは,空間的に一様等方なモデルである.この宇宙モデルを表す時空計量は,1個の時間の関数 $a(t)$ を用いて,

$$\mathrm{d}s^2 = -c^2\mathrm{d}t^2 + a(t)^2\mathrm{d}\sigma^2 \tag{323}$$

と表される [45)]. この計量で表される時空はロバートソン–ウォーカー時空, t は宇宙時間, x^i は共動座標, $a(t)$ は宇宙のスケール因子とよばれる.ここで,$\mathrm{d}\sigma^2 = \gamma_{ij}(x)\mathrm{d}x^i\mathrm{d}x^j$ は式 (207) で表される t に依存しない定曲率空間の計量である.この空間計量は,r の代わりに原点からの距離 χ を用いると,

$$\mathrm{d}\sigma^2 = \mathrm{d}\chi^2 + f(\chi)^2\mathrm{d}\Omega_2^2 \tag{324}$$

と表される.ここで,断面曲率 $K = 0$ のとき $f = \chi$,$K > 0$ のとき $f = (1/\sqrt{K})\sin(\sqrt{K}\chi)$,$K < 0$ のとき $f = (1/\sqrt{|K|})\sinh(\sqrt{|K|}\chi)$ である.

また,エネルギー運動量テンソルは,空間的一様等方性より,時間 t のみに依存した固有エネルギー密度 $\rho(t)$ と圧力 $P(t)$ を用いて,

$$T_{00} = \rho,\ T_{0i} = 0,\ T^i_j = P\delta^i_j \tag{325}$$

と表される.したがって,$u^0 = c, u^j = 0$ により物質の4元速度ベクトル

場を定義すると，$T_{\mu\nu}$ は理想流体に対するものと一致する．

11.2 宇宙赤方偏移

ロバートソン–ウォーカー時空では，空間の原点を始点とする光波面の方程式は $cdt = ad\chi$ となる．したがって，x^i 座標が一定となる条件を共動的とよぶことにすると，共動的な 2 点 A，B に対して，光が A から出た時刻 $t = t_A$ と B に達する時刻 $t = t_B$ とのあいだには $dt_A/a(t_A) = dt_B/a(t_B)$ の関係が成り立つ．したがって，B の位置で観測される光の波長 λ_B は A の位置で観測された光の波長 λ_A を用いて

$$\lambda_B = \frac{a(t_B)}{a(t_A)}\lambda_A \tag{326}$$

と表される．とくに，宇宙が膨張しているときには，$a(t_B) > a(t_A)$ となるので，共動的な光源から出た光は，時間とともに赤方偏移を受ける．この赤方偏移は宇宙赤方偏移とよばれる．

遠方の天体の光に対する宇宙赤方偏移は，通常，

$$z = \frac{\lambda_0 - \lambda}{\lambda} \tag{327}$$

を用いて表される．ここで，λ は光源から出た時点での波長，λ_0 は観測された波長である．上記の式より，光が出た時刻を t，観測された時刻を t_0 とすると，z は

$$z = \frac{a(t_0)}{a(t)} - 1 \tag{328}$$

と表される．$t_0 - t$ が十分小さいとき，この式はハッブルの法則

$$cz \simeq H_0 r \tag{329}$$

を与える．ここで，$r = c(t_0 - t)$，$H_0 = H(t_0)$ である．ハッブルの法則は，宇宙モデルとして相対論的な一様等方モデルが採用される大きな動機の 1 つとなったものである．ただし，線形関係式としてのハッブルの法則は，上記の導出からも明らかなように，$(t_0 - t)H_0 \ll 1$ に対してのみ成り

立ち，$(t_0 - t) \sim 1/H_0$ 程度の距離では z と距離の関係は線形でなくなる．この線形関係からのずれを観測することにより，宇宙の膨張則や空間の曲率を決定することができる．

11.3　宇宙膨張の方程式

アインシュタイン方程式は，

$$H = \frac{\dot{a}}{a} \tag{330}$$

と置くと，つぎの2式と同等となる[45]．

$$H^2 = \frac{c^2\kappa^2}{3}\rho - \frac{c^2 K}{a^2} + \frac{c^2\Lambda}{3} \tag{331}$$

$$\frac{\ddot{a}}{a} = -\frac{c^2\kappa^2}{6}(\rho + 3P) + \frac{c^2}{3}\Lambda \tag{332}$$

ここで，ドットは時間微分，K は定曲率計量 $d\sigma^2$ の断面曲率，Λ は宇宙定数である．H は宇宙の膨張率を表し，ハッブルパラメータとよばれる．一方，エネルギー運動量テンソルの局所保存則は，

$$\dot{\rho} = -3H(\rho + P) \tag{333}$$

を与える．縮約ビアンキ方程式のために，この式は式 (331) のもとで式 (332) と同等である．

以上の式において，宇宙定数は $\rho = -P = \Lambda/\kappa^2$ の物質と同じ寄与をすることがわかる．これは，ロバートソン–ウォーカー時空にかぎらず一般に成り立つ．そこで，以下では，宇宙定数は ρ, P に含めて考えることにする．

11.4　初期特異点と宇宙の地平線

式 (332) より，条件

$$\rho + 3P \geq 0 \tag{334}$$

が満たされれば，$\ddot{a} \leq 0$ となる．これは，宇宙膨張が減速することを表す．したがって，現在の宇宙は膨張していることを考慮すると，宇宙が空間的に一様等方で条件 (334) が満たされれば，過去の有限な時刻（以下 $t=0$ とおく）でスケール因子がゼロ，すなわち空間が一点につぶれることになる．さらに，$\rho > 0$ を仮定すると，式 (333) より $a \to 0$ で $\rho \to \infty$ となることがいえる．また，時空の曲率テンソルは

$$R^{0i}{}_{0i} = 3\frac{\ddot{a}}{c^2 a}, \quad R^{ij}{}_{ij} = 6\left(\frac{H^2}{c^2} + \frac{K}{a^2}\right) \tag{335}$$

で与えられる．したがって，$t=0$ ではエネルギー密度のみでなく，時空の曲率も発散する．すなわち，時空構造が破綻する．そこで，この $a=0$ となる"点"は，宇宙の初期特異点とよばれる．また，宇宙の初期特異点は宇宙の始まりと考えられるので，初期特異点をもつ時空ではその点を原点とする現在の宇宙時間を宇宙年齢とよぶ．膨張宇宙では，空間的に一様等方な場合にかぎらず，条件 (334) に対応する条件といくつかの付加的な条件が満たされれば，非常に一般的な状況で初期特異点が発生することがホーキングにより示されている（特異点定理）[34]．

一方，式 (334) から等号を除いた条件が満たされるとき，初期特異点 $t=0$ が存在し，そこで a は $a \propto t^\gamma (\gamma < 1)$ と振る舞う．したがって，時刻 t に頂点をもつ過去の光円錐は，$t=0$ で有限な共動半径

$$\chi_{\mathrm{H}}(t) = \int_0^t \mathrm{d}t/a \tag{336}$$

をもつ．これは，原点にいる観測者が時刻 t までに観測できる領域の共動半径と等しいので，$\chi = \chi_{\mathrm{H}}(t)$ の球面は宇宙の地平線（ホライズン），$a(t)\chi_{\mathrm{H}}(t)$ はホライズン半径とよばれる．膨張宇宙では，ホライズン半径は時間とともに増大する．

11.5 フリードマンモデル

宇宙物質の状態方程式,すなわち ρ と P の関係が与えられれば,式 (331) と式 (333) を連立して解くことにより,宇宙のスケール因子およびエネルギー密度の変化を完全に決定することができる.現実的な状態方程式としてもっとも簡単なものは,P が ρ に比例するものである.$w = P/\rho = $ 一定とおくと,式 (333) より $\rho \propto a^{-3(1+w)}$ を得る.したがって,式 (331) は

$$\dot{a}^2 - Ca^{-(1+3w)} = -Kc^2 \tag{337}$$

となる.この式は,a を位置座標とみなすと,ポテンシャル $-C/a^{1+3w}$ 内を運動するエネルギー $-Kc^2$ の粒子に対するエネルギー保存則と一致する.この対応を用いると,容易に a の定性的振る舞いを決定することができる.とくに,$\rho > 0$ のとき,式 (334) に対応する条件 $w > -1/3$ が満たされれば,必ず初期特異点が存在し,その近傍での a の振る舞いは

$$a \propto t^\gamma; \quad \gamma = \frac{2}{3(1+w)} < 1 \tag{338}$$

となる.また,$K > 0$ のとき,有限な時刻で a は最大となり,その後宇宙は収縮に転ずる.一方,$K \leq 0$ のとき,宇宙は膨張を続け,$t \to \infty$ で a は漸近的に

$$a \propto \begin{cases} t & K < 0 \\ t^\gamma & K = 0 \end{cases} \tag{339}$$

と振る舞う.全体としての振る舞いは,図 5 の $F(K)$ のようになる.以上の結果は,w が定数として得られたものであるが,w が十分緩やかに変化するときにもそのまま成り立つ.

w が定数で $K = 0$ のとき,厳密に $a \propto t^\gamma$ が成り立つ.たとえば,相対論的な物質が支配的な宇宙(放射優勢宇宙:$w = 1/3$)では $\gamma = 1/2$,非相対論的な物質が支配的な宇宙(物質優勢宇宙:$w = 0$)では $\gamma = 2/3$ となる.

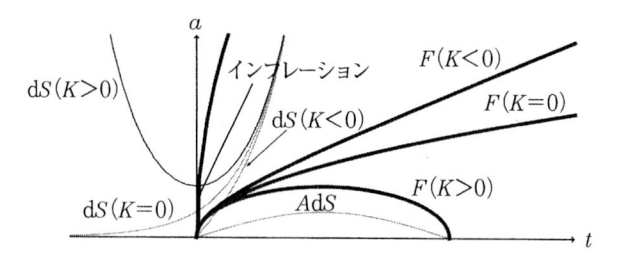

図 5 さまざまな宇宙モデル

P が ρ に比例しない状態方程式に対しては，一般に $a(t)$ を初等関数で表すことはできない．例外は，物質が放射および圧力の無視できる物質の 2 つの成分からなる場合である．この場合には，ρ が $\rho = C_d/a^3 + C_r/a^4$ と振る舞い，$K \neq 0$ に対する解はパラメータ表示で

$$t = |K|^{-1/2} \left[A|S(\theta) - \theta| + 2BS(\theta/2)^2 \right]$$
$$a = 2AS(\theta/2)^2 + BS(\theta) \qquad (340)$$

と表される．ここで，$S(\theta)$ は $K > 0$ に対して $\sin(\theta)$，$K < 0$ に対して $\sinh(\theta)$ で与えれる関数，A, B は $C_d = 2|K|A$，$C_r = |K|B^2$ により決まる非負の定数である．また，$K = 0$ に対する解は，

$$t = A\theta^3 + B\theta^2$$
$$a = 3A\theta^2 + 2B\theta \qquad (341)$$

で与えられる．ここで，$C_d = 12A, C_r = 4B^2$ である．

11.6 インフレーション宇宙モデル

ある時期に加速膨張，すなわち $\ddot{a} > 0$ となる宇宙モデルは，一般にインフレーション宇宙モデルとよばれる．とくに，$w = P/\rho$ が一定となる場合には，$\ddot{a} > 0$ となる条件は $w < -1/3$ となり，さらに条件 $w > -1$ が満たさ

れれば，式 (337) より $t \to \infty$ で a は漸近的に $a \propto t^\gamma$ $(\gamma > 1)$ と振る舞う．このようなインフレーションモデルはべき型インフレーションモデルとよばれ，指数型ポテンシャルをもつスカラー場のエネルギーが支配的な場合の宇宙を記述する．これに対して，$w = -1$ のときには a は漸近的に指数関数的に増大する $(a \propto e^{H_0 t})$．このようなモデルは，指数関数型インフレーションモデルとよばれる．フリードマンモデルが現在に近い時期の宇宙をよく記述するのに対して，宇宙誕生直後の宇宙はこれらのインフレーションモデルで記述されると考えられている．

11.7　ドジッター宇宙と反ドジッター宇宙

物質がなく宇宙定数がゼロでない場合，すなわち $\rho = -P = \Lambda/\kappa^2$ が成り立つとき，式 (337) の解はつぎのようになる．まず，K が $K = 0, \pm 1$ となるように a を規格化すると，$\Lambda = 3/l^2 > 0$ のときの解は

$$a = \begin{cases} e^{t/l} & K = 0 \\ l\cosh(t/l) & K = +1 \\ l\sinh(t/l) & K = -1 \end{cases} \quad (342)$$

となる．これらはすべてドジッター時空を表す．ただし，時空は，$K = 0$ のときには式 (208) の表示で $T > X_4$ の領域に，$K = -1$ のときには $X_4 > l$ の領域に対応する[15]．

一方，$\Lambda = -3/l^2 < 0$ のときには $K = -1$ に対してのみ解が存在し，

$$a = l\sin(ct/l) \quad (343)$$

で与えられる．これは，反ドジッター時空 (212) の $|S| < l$ の領域と等長となる[15]．

12章
一般相対性理論の実験的検証

12.1 基本仮定の検証

　一般相対性理論の基本仮定である（アインシュタインの）等価性原理は，弱い等価性原理と局所ローレンツ不変性が成り立つことを要求する．弱い等価性原理に関するもっとも精度のよい実験は，エトヴェシュ型の実験である．この実験では，異なる組成からなる物体を棒でつなぎ，それを細いワイヤーでつるす．慣性質量と重力質量の等価性が破れている場合には，外部重力場と慣性力がこれらの物体に同時にはたらくと棒にトルクが生じる．装置が静止している場合には，棒は適当にねじれ，ワイヤーのトルクと外力のトルクが釣り合う位置で静止する．しかし，この装置をゆっくり回転させると，棒にはたらくトルクが時間変化し，棒は振動を起こす．もともとのエトヴェシュの実験は，地球の重力場と地球の回転による遠心力の作用を，地球の回転による装置のコリオリ回転を利用して測定したもので，2つの物体にはたらく加速度の相対差を表すパラメータ $\eta = 2|a_1 - a_2|/(a_1 + a_2)$ に対して，$\eta < 5 \times 10^{-9}$ という制限を得ている（1922年）[46]．地球だけでなく太陽や銀河系の重力を考慮したワシントン大学のグループによる最新の実験では，$\eta < 4 \times 10^{-13}$ という制限が得られている（1999年）[47]．

　一方，局所ローレンツ不変性に関する実験としては，マイケルソン–モーリーの実験が有名であるが，もっとも強い制限を与える実験は，原子核のエネルギー準位への影響を測るものである．たとえば，1980年代後半にワ

シントン大学のグループにより行われた実験では，光速の非等方性に対して $\delta = 2|\delta c|/c \lesssim 10^{-21}$ という制限が得られている[47]．

最後に，計量仮説と一般共変性は，局所慣性系における非重力実験の結果が時空における位置によらないことを要求する．この要請が満たされないと，重力ポテンシャルが ΔU だけ異なる位置に置かれた時計の進みは，一般相対性理論の結果と異なるずれを起こす．そのずれを $\Delta t/t = (1+\alpha)\Delta U/c^2$ によりパラメータ α で表すと，これまでに $\alpha < 10^{-4}$ という制限が得られている（1995年）[47]．この種の実験は，同時に一般相対性理論の予言する重力赤方偏移についての精密な検証にもなっている．また，現在，カーナビゲーションシステムなどで利用されている GPS は 50 ナノ秒以上の精度の時計を用いており，重力場による時計の遅れ 39 マイクロ秒を考慮しなければ正しく機能しない．したがって，GPS の運用は $\Delta t/t$ について 10^{-3} 以上の精度での検証を与えている[47]．

12.2 水星の近日点移動

バーコフの定理より，質量 M の球対称な星の外部の重力場は，シュヴァルツシルト計量 (306)($f(r) = 1 - 2GM/(c^2 r)$) で記述される．この重力場中を運動する粒子の軌道を $x^\mu(\lambda)$，4元速度を $u^\mu(\lambda)$ とすると，時間的キリングベクトル $\xi = \partial_t$ に対応するエネルギー保存則

$$\epsilon \equiv -\xi \cdot u = f(r)\dot{t} = 一定 \tag{344}$$

が成り立つ．ここで，ドットはアフィンパラメータ λ に関する微分を表す．また，時空が球対称なので軌道は平面軌道となり，その軌道面を $\theta = \pi/2$ と選ぶと，キリングベクトル $\eta = \partial_\phi$ に対応する角運動量保存則

$$l \equiv \eta \cdot u = r^2 \dot{\phi} = 一定 \tag{345}$$

が成り立つ．さらに，λ がアフィンパラメータなので，

12.2 水星の近日点移動

$$c^2\sigma^2 \equiv f(r)c^2\dot{t}^2 - f(r)^{-1}\dot{r}^2 - r^2\dot{\phi}^2 = \text{一定} \tag{346}$$

が成り立つ．ただし，光子，すなわち静止質量ゼロの粒子に対しては $\sigma = 0$ である．保存則を用いると，この式は r に対する閉じた微分方程式

$$\dot{r}^2 = c^2\epsilon^2 - \left(c^2\sigma^2 + \frac{l^2}{r^2}\right)f(r) \tag{347}$$

を与える．

粒子の静止質量がゼロでないとき，λ を固有時にとれば $\sigma = 1$ となる．このとき，式 (347) は

$$\frac{1}{2}\dot{r}^2 + \frac{l^2}{2r^2} + V(r) = \frac{1}{2}c^2(\epsilon^2 - 1) \tag{348}$$

と書きかえられる．ここで，

$$V(r) = -\frac{GM}{r}\left(1 + \frac{l^2}{c^2r^2}\right) \tag{349}$$

である．したがって，粒子の運動は，ニュートン理論において重力ポテンシャル $V(r)$ 内を運動する単位質量あたりのエネルギー $c^2(\epsilon^2 - 1)/2$ の粒子の運動と形式的に一致する．とくに，$\epsilon^2 < 1$ なら粒子は有界な運動を，$\epsilon^2 \geq 1$ なら非有界な運動をする．

角運動量保存則 (345) と (347) より，静止質量がゼロでない粒子の軌道は

$$\phi = \pm \int^u du \left[-\alpha + 2u - u^2 + \delta u^3\right]^{-1/2} \tag{350}$$

で与えられる．ここで，

$$u = \frac{l^2}{GM}\frac{1}{r} \tag{351}$$

$$\alpha = \frac{2(1-\epsilon^2)}{\delta}, \quad \delta = 2\left(\frac{GM}{cl}\right)^2 \tag{352}$$

である．式 (350) で $\delta = 0$ とおけば，ニュートン理論での対応する式が得られ，有界軌道に対して粒子が軌道の近点，すなわち r が最小となる点から出発して再び近点に戻るまでの ϕ の変化 $\Delta\phi$ はつねに 2π となる．したがって，軌道は閉軌道となる．これに対して，一般相対性理論では $\delta \neq 0$ となり，$\Delta\phi$ は 2π からずれてしまう．このため，近点は粒子が軌道を一周

するごとにずれてゆく．このずれは近点移動，とくに，太陽のまわりを回る惑星に対しては近日点移動とよばれる．

近点が重力源から十分遠くなる $\delta \ll 1$ のとき，近点移動角は

$$\delta\phi = \Delta\phi - 2\pi \simeq 3\pi\delta \simeq \frac{6\pi GM}{c^2 a(1-e^2)} \qquad (353)$$

で与えられる [22]．ここで，a は軌道の長半径，e は離心率である．たとえば，水星に対して，100 年間での近点移動角は約 42.9″ となる．これは，実際の観測値から他の惑星の影響を取り除いた値 42.7″ とよい精度で一致する [47]．ニュートン理論では説明できなかったこの水星の余剰近日点移動を定量的に説明したことは，一般相対論の最初の実験的検証となった．

12.3 重力による光の屈曲

一般相対性理論では，光線の軌道は一般の粒子と同じ測地線の方程式に従うので，重力場中では曲がることになる．たとえば，球対称重力場中での光線の軌道は，式 (350) において，$\alpha = -2\epsilon^2/\delta$ と置きかえた式により与えらる．とくに，$\delta \ll 1$ のとき，光線は重力場により

$$\Delta\phi \simeq \frac{4GM}{bc^2} \qquad (354)$$

だけ方向が変化する．ここで，b は光線の衝突パラメータ，すなわち入射光線の軌道と重力中心との距離である．たとえば，太陽の表面をかすめる軌道に対して，$\Delta\phi = 1.75″$ となる．この一般相対論の予言は，第 1 次世界大戦終了直後の日食を利用してエディントン (Sir A.S. Eddington) により確かめられ，一般相対論の 2 番目の重要な実験的検証となった [46]．ただし，エディントンの観測は 30% 程度の精度しかなかったが，現在では長基線干渉系を用いたクエーサー (quasi steller object, QSO) の方位の電波観測により 10^{-4} 程度の精度で一般相対性理論の予言が検証されている [47]．

天体の重力場により，その近傍を通過する光が天体の方向に曲げられる

ということは，天体の重力場がレンズと同じ作用をもつことを意味している．この効果は，重力レンズ効果とよばれる．ただし，重力レンズの焦点距離は光線の衝突パラメータに依存するので，遠方の光源と観測者のあいだに銀河や銀河団などの質量の大きな天体が存在すると，配置により2つ以上の光源の像や，ひずんだ像が観測されることになる．このような現象は，現在では多く観測されており，レンズ天体を構成するダークマターの分布やハッブル定数を推定するのに用いられている[48]．

12.4 レーダーエコーの遅れ

天体の重力場は，光線の軌道を曲げるだけでなく，光線が通過するのに要する時間を長くする作用をもつ．このため，地球から発せられた電波が他の惑星や人工衛星で反射して戻ってくるのに要する時間は，電波が太陽近傍を通過するとき

$$\delta t \simeq [240 - 20\ln(d^2/r)]\mu s \tag{355}$$

だけ長くなる[46]．ここで，d は電波の軌道が太陽にもっとも近づくときの距離と太陽半径の比，r は天文単位で測った反射物体と太陽の距離である．この現象はレーダーエコーの遅れとよばれる．これまでに，水星，金星，探査衛星などを用いてこの遅れを観測する多くの実験が行われている．そのなかでもっとも精度のよい結果を与えたのはヴァイキング火星探査衛星を用いたもので，10^{-3} の精度で一般相対性理論の予言に対する検証を与えている[47]．

12.5 連星系からの重力波

一般相対性理論のもっとも大きな特徴は，重力場が独自の力学的自由度をもつことで，それをもっとも端的に表すのが重力波の存在である．した

がって，その直接的な検出は，一般相対性理論の重要な検証となる．しかし，これまでに大きな結晶体が重力波が通したときに共鳴的に振動することを利用した共鳴型重力波検出器によるいくつかの実験が行われてきたが，実際に重力波を検出したという報告はない．また，300 m から 3 km 程度の直交した基線をもつマイケルソン–モーリー型の巨大な干渉計重力波検出器の建設も進んでおり，その一部はすでに稼働しているが，やはり検出の報告はまだない[49]．

このように重力波を直接検出する試みは，いまだに成功していないが，間接的な検証は存在する．それは，連星を構成するパルサーの電波信号の解析を用いるもので，もっとも有名なものは，ハルスとテイラーによる連星パルサー PSR 1913+16 の観測である[50),51]．基本的なアイデアは，パルサーのパルス周期が（適当な時間で平均すると）非常に高い精度で一定であることに着目し，その運動および重力場による変化を観測することにより，連星の軌道パラメータを精度よく決定し，それと一般相対性理論との整合性を調べるというものである．この方法を用いて，ハルス–テイラーは連星の構成天体の質量，軌道パラメータ，公転周期の時間変化 $\dot{P}$ を測定した．その結果，重力波放出に対する 4 重極公式と観測された質量および軌道パラメータを用いて計算された $\dot{P}$ が，観測値から他の補正を取り除いたものと 1% 以上の精度で一致することを示した．これは，重力波の存在とその放出率および反作用に対して間接的ながら定量的な検証を与えたものとなっている．この観測以降，同様の方法が適用できる連星パルサーがいくつかみつかっているが，PSR 1913+16 に匹敵する精度でパラメータが決定できたものはまだない[47]．

参 考 文 献

[1] フランクフルト：特殊および一般相対性理論 = その歴史と意義 =（笠原克昌訳），東京図書, 1971
[2] A. ウンゼルト：現代天文学（小平桂一訳），岩波書店, 1968
[3] C. Itzykson and J.-B., Zuber : *Quantum Field Theory*, McGraw-Hill Inc., 1980
[4] J. Jackson : *Classical Electrodynamics*, John Wiley & Sons, 1975
[5] 朝永振一郎：スピンはめぐる, 中央公論社, 1974
[6] A. Barut and R. Raczka : *Theory of Group Representations and Applications*, World Scientific, Singapore, 1986
[7] R. Kirby : *The Topology of 4-Manifolds*, Springer-Verlag, 1991
[8] D. Freed and K. Uhlenbeck : *Instantons and Four-Manifolds*, Springer-Verlag, 1984
[9] 志賀浩二：多様体論, 岩波書店, 1990
[10] 松島与三：多様体入門, 裳華房, 1965
[11] 松本 誠：計量微分幾何学, 裳華房, 1975
[12] S. Kobayashi and K. Nomizu : *Foundations of Differential Geometry* I, II, Interscience Pub., 1963
[13] S. Kobayashi : *Transformation Groups in Differential Geometry*, Springer, 1972
[14] H. フランダース：微分形式の理論（岩堀長慶訳），岩波書店, 1967
[15] 佐藤文隆, 小玉英雄：一般相対性理論, 岩波書店, 2000
[16] N. O'Murchadha and W. Jr. York : *Phys. Rev. D* **10**, 428–446, 1974
[17] A. Rendall : *Living Reviews* Irr–2002–6
[18] G. Cook : *Living Reviews* Irr–2000–5
[19] S. Chandrasekhar : *The Mathematical Theory of Black Holes*, Clarendon Press, Oxford, 1983

[20] L. Blanchet : *Living Reviews* **3**, 1, 2002
[21] J. Goldberg : *General Relativity and Gravitation*, vol.1, ed. A. Held, 469–489, Plenum Press, 1980
[22] 小玉英雄：相対性理論, 培風館, 1997
[23] L.D. ランダウ, E.M. リフシッツ：場の古典論, 東京図書, 1978
[24] J.Goldberg : *Phys. Rev. D* **41**, 410–417, 1990
[25] R. Schoen and S.-T. Yau : *Comm. Math. Phys.* **65**, 45–76, 1979
[26] R. Schoen and S.-T. Yau : *Phys. Rev. Lett.* **42**, 547–548, 1979
[27] R. Schoen and S.-T. Yau : *Comm. Math. Phys.* **79**, 231–260, 1981
[28] E. Witten : *Comm. Math. Phys.* **80**, 381–402, 1981
[29] D. Kramer, et al. : *Exact Solutions of Einstein's Field Equations*, Cambridge Univ. Press, Cambridge, 1980
[30] F. Ernst : *Phys. Rev.* **167**, 1175, 1968
[31] F. Ernst : *Phys. Rev.* **168**, 1415, 1968
[32] W. Israel and K. Kahn : *Nuovo Cimento* **33**, 331, 1964
[33] C. Misner, K. Thorne and J. Wheeler : *Gravitation*, Freeman, San Francisco, 1973
[34] S. Hawking and G. Ellis : *The Large Scale Structure of Space-time*, Cambridge Univ. Press, Cambridge, 1973
[35] R. Penrose and R. Floyd : *Nature* **229**, 177–179, 1971
[36] R. Wald : *General Relativity*, Univ. Chicago Press, Chicago, 1984
[37] M. Heusler : *Black Hole Uniqueness Theorems*, Cambridge Univ. Press, 1996
[38] M. Heusler : *Living Reviews* **1**, 6, 1998
[39] P. Chruściel and R. Wald : *Class. Quantum Grav.* **11**, L147–152, 1994
[40] M. Volkov and D. Gal'tsov : *Phys. Reports* **319**, 1–83, 1998
[41] R. Wald : *Living Reviews* **4**, 1, 2001
[42] J. Bekenstein : *Phys. Rev. D* **7**, 2333–2346, 1973
[43] S. Hawking : *Comm. Math. Phys.* **43**, 199–220, 1975
[44] J. Polchinski : *String Theory*, Cambridge Univ. Press, 1998
[45] 小玉英雄：相対論的宇宙論, 丸善, 1991
[46] C. Will : *Theory and experiment in gravitatio-nal physics* (2nd edition), Cambridge Univ. Press, 1993

参 考 文 献

[47] C. Will : *Living Review in Relativity* **4**, 1-97, 2001
[48] J. Wambsganss : *Living Reviews* **12**, 1, 1998
[49] J. Hough and S. Rowan : *Living Reviews* **3**, 1, 2000
[50] R. Hulse : *Rev. Mod. Phys.* **66**, 699-710, 1994
[51] J. Taylor : *Rev. Mod. Phys.* **66**, 711-719, 1994
[52] L.P. Eisenhart: *Riemannian Geometry*, Princeton Univ. Press, 1949
[53] S.L. Shapiro and S.A. Teukolsky: *Black Holes, White Dwarfs, and Neutron Stars*, Wiley, 2004
[54] 小山勝二・嶺重慎（編）：ブラックホールと高エネルギー現象（シリーズ現代の天文学 8），日本評論社，2007
[55] P.S. Joshi: *Gravitational Collapse and Spacetime Singularities* (Cambridge Monographs on Mathematical Physics), Cambridge Univ. Press, 2008
[56] M.W. Choptuik: *Phys. Rev. Lett.* **70**, 9, 1993
[57] C. Gundlach: *Living Review of Relativity* **2**, 4, 1999

索　引

ア　行
アインシュタインの和の規約　17
アインシュタイン–ヒルベルト作用積分　91
アインシュタイン方程式　89
アフィンパラメータ　65

イスラエル–カーン解　107
位相多様体　51
一意性定理
　　静的ブラックホール解に対する——　109
　　定常ブラックホール解に対する——　110
1形式　54
一般共変性　79
一般相対性原理　79
一般相対性理論　2, 79
　　——の予言　126
インフレーション宇宙モデル　120

宇宙検閲仮説　113
宇宙時間　115
宇宙赤方偏移　116
宇宙定数　90
宇宙年齢　118
宇宙の初期特異点　118
宇宙のスケール因子　115
運動する時計の遅れ　13
運動方程式　81

エーテル理論　5
エネルギー運動量の局所保存則　84
エネルギーと質量の等価性　28

エルゴ領域　108
エルンスト形式　106
エルンストポテンシャル　106

カ　行
外積　61
外微分　62
外部曲率　93
カー–ニューマン解　107
可約　42
慣性質量と重力質量の等価性　77
完全反対称テンソル　23
γ因子　8

基底に関する成分　56
擬テンソル　23
基本スピノール表現　43
既約　42
球対称　102
共動座標　115
共変微分　63
共変ベクトル　54
局所慣性系　78
極大シュヴァルツシルト時空　104
曲率形式　66
曲率テンソル　65
擬リーマン多様体　67
キリングベクトル　72, 82
キリング方程式　72
キリングホライズン　105
近日点移動　126

索引

クエーサー　126
クライン–ゴルドン方程式　40, 48
クルスカル–ツェケレス座標系　104
群の表現　41

計量仮説　79
計量テンソル　22, 67
　――による添え字の上げ下げ　22

光円錐　12
光行差　9, 39
剛性定理　109
拘束条件　93
光速不変性　6
固有時　14
固有ローレンツ群　41
固有ローレンツ変換　8

サ　行

歳差運動　36
座標基底　54
座標近傍系　51
座標成分　18

時空　67
軸対称　106
事象地平線　105
指数関数型インフレーションモデル　121
実解析的多様体　52
実線形表現　41
シフトベクトル　92
シュヴァルツシルト解　103
重力赤方偏移　102
重力波　96, 127
重力場に対する作用積分　91
重力場の方程式　89
重力崩壊　112
重力レンズ効果　127
順像　57

スカラー場　40
　――のポテンシャル　40
ストークスの定理　74
スピノール　86
スピノール場　48
スピンの歳差運動　36

正エネルギー定理　99
成相解　103
静的　101
接空間　53
接続形式　66
接続係数　63
線形接続　65
線形摂動のゲージ自由度　95
線形表現　41

相対論的ドップラー効果　39
双対ベクトル　53
測地線　64
速度の変換則　9

タ　行

対称テンソル　69
第1ビアンキ恒等式　67
第2ビアンキ恒等式　67
多様体　51

チャンドラセカール質量　112
調和ゲージ　95

定曲率空間　70
定曲率時空　70
定常時空　101
ディラックスピノール　46
電気力学　32
電磁ポテンシャル　38
テンソル　20, 55
テンソル積　56
テンソルの階数　18

索　引

テンソル方程式　21

等価原理　78
同次ローレンツ変換　8
等長変換　72
等長変換群　72
特異点定理　113, 118
特殊相対性原理　1, 6
特殊相対性理論　1
特殊ローレンツ変換　9
ドジッター時空　71, 121
トーマス歳差　37

ナ　行

2階共変テンソル　20
2階混合テンソル　20
2階反変テンソル　20
ニュートンの運動方程式　77

ねじれ形式　66
ねじれテンソル　66
熱力学の第1法則　32

ハ　行

バーコフの定理　103
バックテンソル　70
ハッブルの法則　116
ハッブルパラメータ　117
反変ベクトル　54

光の速度　1
引き戻し　57
非同次ローレンツ変換　7
微分形式　60
標準時計　13

ϕの微分　62
複素線形表現　41
双子のパラドックス　14

物質優勢宇宙　119
不変テンソル　22
不変部分空間　42
不変分布関数　29
ブラックホール　3, 105
　——の回転角速度　110
　——の蒸発　112
　——の表面重力加速度　111
　——の面積増大則　111

閉形式　62
平行移動　64
べき型インフレーションモデル　121
ベッケンシュタイン–ホーキング公式　111
ペンローズ過程　109

ポアンカレ群　41
ポアンカレ双対　75
ポアンカレ変換　8
放射優勢宇宙　119
ホーキング放射　111
ホッジ双対　75
ホライズン　105
　——半径　118
ボルツマン方程式　28, 82
ホワイトホール　105

マ　行

マイケルソン–モーリーの実験　1, 6
マヨラナスピノール　49

未来のホライズン　105
ミンコフスキー距離　16
ミンコフスキー計量　16
ミンコフスキー座標系　16
ミンコフスキー時空　16
　——からの線形摂動　95

向き付け　73
向き付け可能　73

向き付け不可能　73
無限小変換　60
無限赤方偏移面　108

ヤ 行

ヤコビ恒等式　59

ユークリッド距離　10

4元速度ベクトル　19, 25
4元波数ベクトル　39
4元力　25
弱い宇宙検閲仮説　113

ラ 行

ライスナー–ノルドストレム解　103
ラプス関数　92
ランダウ–リフシッツ擬テンソル　97
ランダウ–リフシッツの4重極公式　99

理想流体　31
リー代数　43
リッチテンソル　69
リーマン接続　68
リーマン多様体　67
粒子のエネルギー　27
流体に対するエネルギー運動量テンソル　30

レヴィ–チヴィタ擬テンソル　75

レヴィ–チヴィタテンソル　22
レーダーエコーの遅れ　127
連星パルサー　128

ロバートソン–ウォーカー時空　115
ローレンツ因子　8
ローレンツ群　41, 46
　　——のリー代数　43
ローレンツ収縮　10
ローレンツ多様体　67
ローレンツ変換　8

ワ 行

ワイルクラス　107
ワイルスピノール
　左巻き——　44
　右巻き——　44
ワイルスピノール場
　左巻きの——　48
　右巻きの——　48

欧 文

C^ω級多様体　52
C^∞級　57
C^r級微分構造　52

(p, q)型テンソル　19

r形式　60
r次微分形式　60

著者略歴

小玉 英雄（こだま ひでお）

1952年　香川県に生まれる
1975年　京都大学理学部物理学科卒業
1993年　京都大学基礎物理学研究所教授
現　在　高エネルギー加速器研究機構教授
　　　　理学博士

朝倉物理学選書 6
相 対 性 理 論　　　　　　　　定価はカバーに表示

2008年5月15日　初版第1刷

著　者　小　玉　英　雄
発行者　朝　倉　邦　造
発行所　株式会社　朝　倉　書　店

東京都新宿区新小川町6-29
郵便番号　162-8707
電　話　03(3260)0141
Ｆ Ａ Ｘ　03(3260)0180
http://www.asakura.co.jp

〈検印省略〉

© 2008　〈無断複写・転載を禁ず〉　　中央印刷・渡辺製本

ISBN 978-4-254-13761-3　C 3342　　Printed in Japan

理科大 鈴木増雄・大学評価・学位授与機構 荒船次郎・
理科大 和達三樹編

物　理　学　大　事　典

13094-2　C3542　　　　B5判 896頁 本体36000円

物理学の基礎から最先端までを視野に，日本の関連研究者の総力をあげて1冊の本として体系的解説をなした金字塔。21世紀における現代物理学の課題と情報・エネルギーなど他領域への関連も含めて歴史的展開を追いながら明快に提起。〔内容〕力学／電磁気学／量子力学／熱・統計力学／連続体力学／相対性理論／場の理論／素粒子／原子核／原子・分子／固体／凝縮系／相転移／量子光学／高分子／流体・プラズマ／宇宙／非線形／情報と計算物理／生命／物質／エネルギーと環境

C.P.プール著
理科大 鈴木増雄・理科大 鈴木　公・理科大 鈴木　彰訳

現代物理学ハンドブック

13092-8　C3042　　　　A5判 448頁 本体14000円

必要な基本公式を簡潔に解説したJohn Wiley社の"The Physics Handbook"の邦訳。〔内容〕ラグランジアン形式およびハミルトニアン形式／中心力／剛体／振動／正準変換／非線型力学とカオス／相対性理論／熱力学／統計力学と分布関数／静電場と静磁場／多重極子／相対論的電気力学／波の伝播／光学／放射／衝突／角運動量／量子力学／シュレディンガー方程式／1次元量子系／原子／摂動論／流体と固体／固体の電気伝導／原子核／素粒子／物理数学／訳者補章：計算物理の基礎

M.ル・ベラ他著
理科大 鈴木増雄・東海大 豊田　正・中央大 香取眞理・
理化研 飯高敏晃・東大 羽田野直道訳

統計物理学ハンドブック
―熱平衡から非平衡まで―

13098-0　C3042　　　　A5判 608頁 本体18000円

定評のCambridge Univ. Pressの"Equilibrium and Non-equilibrium Statistical Thermodynamics"の邦訳。統計物理学の全分野(カオス，複雑系を除く)をカバーし，数理的にわかりやすく論理的に解説。〔内容〕熱統計／統計的エントロピーとボルツマン分布／カノニカル集団とグランドカノニカル集団：応用例／臨界現象／量子統計／不可逆過程：巨視的理論／数値シミュレーション／不可逆過程：運動論／非平衡統計力学のトピックス／付録／訳者補章(相転移の統計力学と数理)

日本物理学会編

物　理　デ　ー　タ　事　典

13088-1　C3542　　　　B5判 600頁 本体25000円

物理の全領域を網羅したコンパクトで使いやすいデータ集。応用も重視し実験・測定には必携の書。〔内容〕単位・定数・標準／素粒子・宇宙線・宇宙論／原子核・原子・放射線／分子／古典物性(力学量，熱物性量，電磁気・光，燃焼，水，低温の窒素・酸素，高分子，液晶)／量子物性(結晶・格子，電荷と電子，超伝導，磁性，光，ヘリウム)／生物物理／地球物理・天文・プラズマ(地球と太陽系，元素組成，恒星，銀河と銀河団，プラズマ)／デバイス・機器(加速器，測定器，実験技術，光源)他

前上智大笠　耐・香川大笠　潤平訳

物理ポケットブック

13095-9　C3042　　　　A5判 388頁 本体5800円

物理の基本概念―力学，熱力学，電磁気学，波と光，物性，宇宙―を1項目1頁で解説。法則や公式が簡潔にまとめられ，図面も豊富な板書スタイル。備忘録や再入門書としても重宝する，物理系・工学系の学生・教師必携のハンドブック

戸田盛和著
物理学30講シリーズ 7

相　対　性　理　論　30　講

13637-1　C3342　　　　A5判 244頁 本体3800円

〔内容〕光の速さ／時間／ローレンツ変換／運動量の保存と質量／特殊相対論的力学／保存法則／電磁場の変換／テンソル／一般相対性理論の出発点／アインシュタインのテンソル／測地線／シュワルツシルトの時空／光線の湾曲／相対性理論の検証／他

上記価格（税別）は 2008 年 4 月現在